轻松上手的
日韩料理

甘智荣 主编

中国轻工业出版社

图书在版编目（CIP）数据

轻松上手的日韩料理 / 甘智荣主编. --北京：中国轻工业出版社，2017.5
ISBN 978-7-5184-1335-5

Ⅰ.①轻… Ⅱ.①甘… Ⅲ.①菜谱－日本②菜谱－韩国Ⅳ.①TS972.183.13②TS972.183.126

中国版本图书馆CIP数据核字(2017)第050624号

责任编辑：高惠京
策划编辑：龙志丹　　　责任终审：劳国强　　封面设计：王超男
整体设计：深圳金版文化　责任校对：燕　杰　　责任监印：张京华

出版发行：中国轻工业出版社（北京东长安街6号，邮编：100740）
印　　刷：北京瑞禾彩色印刷有限公司
经　　销：各地新华书店
版　　次：2017年5月第1版第1次印刷
开　　本：720×1000　1/16　印张：12
字　　数：250千字
书　　号：ISBN 978-7-5184-1335-5　　定价：39.80元
邮购电话：010-65241695　　　　　　传真：010-65128352
发行电话：010-85119835　85119793　传真：010-85113293
网　　址：http://www.chlip.com.cn
Email:club@chlip.com.cn
如发现图书残缺请直接与我社邮购联系调换
170187S1X101ZBW

PREFACE 前言

现代社会对"食不厌精,脍不厌细"的不断推崇,令人们对美食的追求与品位不断提升。美食无国界,在中国,日料、韩潮涌现之时,日式美食和韩式美味备受欢迎。

无论是快餐横行的美国,或是有几千年饮食文化传统的中国,日本餐馆随处可见,备受年轻人的喜爱和追求。由于日式料理的烹调方式崇尚食物的原汁原味,少用调料,以清淡的口味为主,生食便成为保持食物原味最好的食用方式。所以,各类海鲜料理就成为日本料理中别具特色的代表性食物。此外,日本料理讲究"艺术性"和"优雅感"。日本人对料理的形状和色彩的搭配是极其讲究的。日式料理给予我们的是日本人审美观的表达,也是日本饮食文化的体现。从传统和食到各式料理,总有一款让你欲罢不能。

从当年的经典《大长今》,到近几年的热剧《来自星星的你》,韩式美味的踪影就不曾缺席过。喜欢韩剧的朋友们,一定对那红白相间的炒年糕、五颜六色的石锅拌饭、生菜包肉的韩式烤肉和绿盖绿瓶的韩国烧酒印象深刻。对于爱好韩餐的美食吃货来说,看韩剧和吃韩餐是标准配备。

本书收录了经典的日韩美食,好吃又好学,让读者不用出国门,就能随时吃到足料美味的日韩料理。虽然到外面的餐厅都能吃到,可是口味却未必符合你的要求,自己不妨试试动手做,根据个人口味做的料理,吃起来更满足!

contents
目录

Chapter 1　日式料理

012　日本饮食文化
013　日式料理常用工具
014　日式料理常用食材
016　日式料理的特点和制作诀窍

018　下酒菜 VS 开胃菜

018　　日式拌菠菜
020　　金平牛蒡
022　　松软炸藕
024　　煮毛豆
025　　金枪鱼生卷
026　　厚蛋烧
028　　冷涮肉沙拉
030　　日式梅肉沙司拌章鱼秋葵

032　汤品类

032　　土豆洋葱蟹味菇味噌汤
034　　蚬味噌汤
036　　松肉汤
038　　猪肉酱汤

040　生鱼片

041　　三文鱼生鱼片
042　　墨鱼生鱼片

044　烧料理

044　　照烧鸡肉
046　　味噌香葱

烧烤秋刀鱼　047
芝麻味噌煎三文鱼　048
姜汁烧肉　050
和风牛肉饼　052

蒸物　054

三文鱼蒸豆腐　054
酒蒸蛤蜊　056
蔬菜蒸　058
茶碗蒸　060

油炸料理　062

可乐饼　062
日式炸猪排　064
炸肉饼　066
味噌香炸鸡胸肉　068
日式炸鸡块　070
炸大虾　072
蔬菜天妇罗　074

日式腌菜　076

日式黄萝卜块　076
醋拌胡萝卜　078
日式腌黄瓜　080
一夜渍　081

寿司　082

稻荷寿司　082
三文鱼寿司　084
三拼军舰寿司　087

088 饭食

088　蛋包饭
090　糯米赤豆饭
092　日式炸猪排盖饭
094　三文鱼烤饭团
096　牛肉盖饭

098 面食

098　章鱼小丸子
100　天妇罗乌冬面
102　油炸豆腐乌冬面
104　鸡汁拉面

106 锅料理

106　日式牛肉火锅
108　筑前煮
110　关东煮
112　马铃薯煮肉
114　牛肉时雨煮

Chapter 2　韩式料理

118　韩国饮食文化
119　韩式料理常用工具
120　韩式料理常用食材
122　韩式料理食材的基本切法
124　韩式调味酱料
126　韩式料理的特点和制作诀窍

128　蔬菜

	豆芽沙拉	128
	拌菠菜	130
	拌蘑菇	131
	煎西葫芦	132
	拌萝卜丝	133
📱	拌炒杂菇	134
📱	酱黄瓜	135
📱	黄瓜沙拉	136

肉类 138

	拌明太鱼丝	138
📱	炸牛肉	140
📱	烤猪肉片	142
📱	酱爆鸡块	144
📱	酱炖鸡	145
📱	炸鸡翅	146
📱	香煎鱼排	147
📱	辣烤鱿鱼	148
📱	辣炒八爪鱼	150
📱	辣炒小银鱼	151
📱	炸海虾	152

泡菜 154

	豆芽泡菜	154
	辣白菜	156
	白菜泡菜	157
	小黄瓜泡菜	158
	萝卜块泡菜	159

160　年糕

160　辣炒年糕

162　宫廷年糕

163　蒸米糕

164　饭 & 面 & 粥

164　紫菜包饭

166　韩国石锅拌饭

167　五谷饭

168　冷面

169　豆浆凉面

170　韩式拌冷面

171　喜面

172　拉面炒年糕

174　辣白菜煎饼

176　绿豆饼

177　韩式汤圆

178　汤圆南瓜粥

179　松子粥

180　汤品饮料

180　海带汤

182　豆芽清汤

183　萝卜汤

184　参鸡汤

185　大酱汤

186　年糕汤

188　泡菜汤

189　牡蛎豆腐汤

190　牛肉什锦火锅

192　肉桂茶

Chapter 1
日式料理

当提到日式料理时,
许多人会联想到寿司、生鱼片,
或是摆设非常精致、有如艺术品的料理怀石。
然而,对许多日本人来说,
日式料理是日常的传统饮食。
日本和食以清淡著称,
烹调时尽量保持食材本身的原味,
要求色自然、味鲜美、形多样、器精良,而
且材料和做法重视季节感。

日本饮食文化

日本菜发展至今已有三千多年的历史,按日本人的习惯我们称其为"日式料理"。据考证,日式料理借鉴了一些中国菜肴传统的制作方法并使之本土化,其后西洋菜也逐渐渗入日本,使日式料理在传统的生食、蒸、煮、炸、烤、煎等的基础上逐渐形成了今天的日本菜系。

1 多样、新鲜的食材及原汁原味的崇尚

日本国土呈南北狭长状,所以其食材种类较为繁多。因此,和食便较注重对于不同食材的烹调技法及烹饪工具的合理使用。

2 营养均衡的健康食生活

一汤三菜这种寻常的和食饮食方式,是其国民营养均衡、身体健康的基本因素之一。充分借助"生食"这一饮食方式,以降低动物性油脂的摄入,这也是日本人较长寿且肥胖人群较少的原因之一。

3 对于自然之美及季节变换的表现

用食物来表现自然之美及季节的变换是和食的特点之一。使用不同季节的花、叶等来装饰烹制的食物,或利用不同的摆设、器具等来展现其季节性,让食物更好地诠释季节。

4 与新年、节日的密切关联

和食文化与日本的新年、节日有着千丝万缕的关联。在植物应季生长、成熟的时节,分享这些饱承自然恩惠的食物,让不同地域的人们,以及家族人与人之间的关系变得更深厚。

日式料理常用工具

古语有云：工欲善其事，必先利其器。我们想要制作好日式料理，就要先了解制作日式料理的烹饪器具。

1 滤网

捞起漂浮在汤上的油或碎小的食材时，会很方便。

2 榨汁机

榨汁机有榨汁、搅拌、粉碎等功能。使用榨汁机不仅能榨出鲜果汁，而且能搅碎蔬菜或较硬的水果。

3 搅拌器

搅拌器是搅拌材料或打出泡沫时不可缺少的料理工具，特别是做调味汁时，很必要。

4 铲勺

制作油炸或煎的料理时可使用铲勺。因为铲勺中间有空隙，油就可以从中流出去，所以使用起来很方便。

5 料理刀

这是将食材切块和切花样时均可使用的多用途刀具。

6 旋转刀

胡萝卜、黄瓜等蔬菜使用旋转刀切，可切出很好看的形状，也很方便。所以需要切出好看形状时应使用旋转刀。

7 鸡蛋切片机

使用鸡蛋切片机可以很轻松地把熟鸡蛋切开，容易碎的蛋黄也能切得很好看。

日式料理常用食材

中日两国口味相对接近,日式料理又素以高质量的本味食材著称,制作技巧也许并不难,然而清淡中却有余韵。

1 海带

海带在日本被称为昆布。其表面的白色物质是植物碱在晒干过程中而形成的甘露醇类物质,有排毒退肿的食疗功效。日本料理中除去直接炖煮海带之外,最常见的还是用干海带调制汤汁,然后用这些汤汁来烹制菜肴,这就是大家常说的昆布汁。

2 萝卜

根肉质,长圆形、球形或圆锥形,根皮绿色、白色、粉红色或紫色。茎直立,粗壮,圆柱形,中空。皮薄、肉嫩、多汁,味甘不辣,木质素少,嚼而无渣,以嫩、脆、甜享誉四方。日式料理中除去烹煮,还常常将其磨成泥配食。

3 秋葵

秋葵原产于非洲,后来被亚洲引进。在日本,秋葵是餐桌上常见的食材之一。虽然很多时候秋葵只是作为配料或配菜出现,但却很受欢迎。秋葵中的黏液,有助于肠胃的蠕动,可促进食物消化,这也是秋葵作为重要配菜的原因之一。

4 牛蒡

牛蒡还被称为"东洋参",据说早期日本是从中国引进的牛蒡,而今天牛蒡已是日本料里中的常用食材之一。根据不同的地理和气候条件,日本培育出了不同的牛蒡品种,但烹制方法也多为炖煮、炒制或凉拌。其中,最为常见和被人熟知的可能就是金平牛蒡了。

5 豆腐

日本豆腐的种类很丰富,除了常见的水豆腐、绢豆腐,还有各式油炸豆腐,以及在当地超市里常见的脱去水分的干豆腐。不仅能直接食用、炖煮,在日式料理的各种面条中也经常能见到豆腐。

Chapter 1　日式料理

6　鸡肉

鸡肉在日本是较为常见的肉类食材,物美价廉,还易烹制。除了日式照烧烹调方法外,还会将鸡肉与其他蔬菜炖煮。但是,最较为常见的应属油炸鸡肉了。无论是日本家庭料理中,还是超市、便利店的货架上,炸鸡排、炸鸡腿等油炸鸡肉类料理都极为常见。

7　三文鱼

说到日本的代表性饮食那一定要提生鱼片和寿司。而三文鱼又是生鱼片和寿司中最受欢迎的食材之一,这是保留三文鱼原汁原味的清淡的食用方式。当然,还会将其烹制后食用,比如蒸三文鱼、煎三文鱼、烤三文鱼,食用方法众多。

8　金枪鱼

除三文鱼之外,在日本较有人气的鱼类食材当属金枪鱼。金枪鱼肉质厚实、味道鲜美,是制作生鱼片、寿司的极佳选材。金枪鱼与三文鱼一样,也可以熟食,如照烧金枪鱼、南蛮金枪鱼等。

9　秋刀鱼

秋刀鱼是秋季的代表鱼类之一,也是日本人家常食用的鱼类食材。由于其肉有较厚的脂肪,所以食用时口感与味道俱佳。在日式料理中,最为常见的食谱就有烤秋刀鱼,由于其脂肪较厚,所以烤制的秋刀鱼味道更鲜美。

10　芝麻

芝麻是日式料理中常见的配料,也是很多小菜、拌菜中的重要食材。大多数的料理中,会将芝麻研磨碎,不加味汁或添加一些味汁,将其作为一味调料与其他食材一起烹制或凉拌,增加菜肴的香味。

日式料理的特点和制作诀窍

烹制好一种菜肴,就要了解其制作要领,日式料理也是如此。首先要了解日式料理的特点,再根据其烹饪诀窍,制作出色、香、味、形俱全的日式料理。

日式料理的特点

日本本土的各式烹制菜肴还有另外更为熟知的名字,那就是日式料理、和食、和风。日式料理不但注重盛具、摆盘,还注重配饰一些应季食材来增加菜肴的品相。

日式料理主食以米饭、面条为主,副食多为新鲜鱼虾等海产,常配以日本酒。日式料理以清淡著称,烹调时尽量保持食材的原味。烹制料理时,注重材料新鲜,讲究刀工,摆放艺术化,追求色、香、味、器四者的和谐统一,尤其是不仅重视味觉,也同样注重视觉的享受,要求色自然、味鲜美、形多样、器精良。日式料理的材料和烹调技法重视季节感。现在的日式料理制作方法是符合营养学和烹饪学的,材料多以海产品和新鲜蔬菜为主,口味多甜、咸,加工精细、色泽鲜艳、清淡而不油腻,保留了原料固有的味道及特性,选料和口味会随着季节的变化而变化,如春夏多以海鲜及时令蔬菜为主,再配以时令花叶作为点缀,秋季则利用银杏、松枝等作为装饰,看上去色泽柔和、舒畅,给人以艺术享受。此外,日式料理对于拼摆和盛器也很讲究,拼摆多以山、川、船、岛等为图案,并以三、五、七单数摆列,品种多、数量少,自然和谐。日式料理多用瓷制和木制的盛具,有方形、圆形、船形、五角形、兽形、仿古形等,高雅、大方、古朴,既实用又具观赏性,使就餐者耳目一新,美食配美器,令每道日本菜都成为精致的佳作。

日式料理的制作诀窍

❶ **油炸食品：** 食材经油炸后油脂变得较多，不但影响健康，还会影响口感。在放置油炸食品的容器内，铺上吸油脂的怀纸，不但会吸走多余的油脂，也会增加摆盘的美感。

❷ **煮制食品：** 煮制食物时，由于汤汁较多，所以锅中的食物会漂浮不定，受热、入味也会不均匀。所以，在煮制食物时，会使用"落盖"。目前，市售落盖多为木质或硅胶制，其直径小于锅的直径才能入锅使用。压在煮制食材的上面来固定食材，这样食材更易入味，还可以有效地减少煮制时间。

❸ **蒸制食品：** 日本的蒸制菜肴种类丰富。由于蒸制过程中水气集结于蒸锅内会形成水珠，而这些水珠落到蒸制的食材上，会影响品相、味道和口感，为避免这一问题，可以用较大的布将蒸锅的盖子包住，这样水珠就会被布所吸走。

❹ **生食食品：** 日本饮食中很多食材是直接生吃的，一是原汁原味，二是可更好地保留其营养成分。但有些食材本身味道不好或口感不佳，如鱼腥味、涩感等。这时可以用醋水或盐水浸泡的方法去除涩感；或是在鱼肉表面涂上白酒再冲洗净，也可以直接用温水冲洗去腥味。

❺ **味噌食品：** 除了味噌汤，很多日式料理中也会用到味噌，如何让加入的味噌能更充分地发挥其原汁原味呢？烹制加入味噌的小菜或汤类等菜肴时，最好使用中、小火，煮制时间也不宜太长，这样才能让味噌更好地保留其香味。

日式拌菠菜

原料 菠菜400克,辣椒丝1克,葱末5克,蒜泥10克,白芝麻3克

调料 生抽3毫升,盐2克,芝麻油8毫升

Chapter 1 日式料理

制作步骤 practice

1. 清理好的菠菜去根，切段。

2. 在沸水锅中，放入菠菜、盐，焯烫2分钟至断生，捞起沥干水，晾凉。

3. 备好的碗中，放入蒜泥。

4. 再加入葱末。

5. 淋入生抽。

6. 再加入少许芝麻油。

7. 加入少许白芝麻。

8. 将其拌匀，调成酱汁。

9. 将调好的酱汁倒入菠菜碗中拌匀后装盘，放上辣椒丝即可。

TIPS 焯好的菠菜一定要挤干水分，这样拌出来的菜肴味道才会更浓郁。

金平牛蒡

原料 牛蒡100克，胡萝卜30克，朝天椒2根

调料 白糖10克，白酒5毫升，酱油5毫升，盐少许，食用油适量

Chapter 1　日式料理

制作步骤 practice

1. 胡萝卜去皮，洗净切细丝。

2. 朝天椒去子，切圈。

3. 牛蒡切细丝，备用。

4. 锅中注油烧热，放入牛蒡丝，中火炒2分钟。

5. 将胡萝卜和朝天椒放入锅中，续炒3分钟。

6. 将火暂时关掉，加入白糖、白酒拌匀。

7. 调入酱油。

8. 再加入少许盐。

9. 再打开火，翻炒均后盛出即可。

TIPS 切好的牛蒡可以放入盐水中浸泡，可防止其氧化变黑。

松软炸藕

Chapter 1 日式料理

原料 去皮莲藕200克,淀粉、面包糠各10克

调料 椰子油500毫升,清水50毫升,生抽、料酒各10毫升,盐2克,椰子油沙拉酱20克,低筋面粉50克

制作步骤 practice

1. 莲藕对半切开,切片;锅中注水烧开,放入切好的莲藕片,煮约2分钟至断生。

2. 倒入生抽、料酒,搅匀,煮约1分钟至着色均匀,捞出煮好的莲藕片,沥干水分,装碗待用。

3. 取空碗,倒入低筋面粉、淀粉、盐。

4. 倒入清水,不停搅拌,搅匀成面糊。

5. 面糊中放入煮好的莲藕片,搅拌均匀。将裹匀面糊的莲藕片裹上面包糠,装盘。

6. 锅置火上,倒入椰子油,烧至六成热。

7. 放入裹上面糊和面包糠的莲藕片。油炸约2分钟至表面金黄。

8. 捞出油炸好的莲藕片,装盘;将椰子油沙拉酱装入一个美观的小碗中,放在莲藕片旁,食用时蘸食即可。

TIPS 面糊中可加入鸡蛋搅拌,味道更佳。

煮毛豆

原料 毛豆 200 克

调料 盐 4 克

制作步骤 practice

1. 将用水清洗过的毛豆放入锅中。
2. 调入适量盐。
3. 搅拌均匀。
4. 将煮好的毛豆捞出，沥干水分即可。

金枪鱼生卷

原料 凉皮6张（约120克），金枪鱼罐头60克，豌豆苗30克，黄瓜80克，去皮胡萝卜50克，生菜4片（约50克）

调料 椰子油4毫升，咖喱粉3克，豆瓣酱15克

制作步骤 practice

1. 洗净的黄瓜切片，改切成丝；胡萝卜修整齐，切片，改切成丝。

2. 凉皮上铺生菜、胡萝卜丝、黄瓜丝、金枪鱼，将生菜卷起来，再用凉皮将食材一起卷成卷。

3. 备好的碗中倒入金枪鱼罐头汁、椰子油、咖喱粉、豆瓣酱，充分拌匀，制成调味汁。

4. 将调味汁、豌豆苗摆放在金枪鱼生卷旁边，蘸食即可。

厚蛋烧

Chapter 1 日式料理

原料 鸡蛋5个，白萝卜50克，紫苏叶适量，高汤少许

调料 盐、料酒、酱油各少许，食用油适量

制作步骤 practice

1. 将鸡蛋打入碗中，制成蛋液。

2. 蛋液中调放盐，搅拌均匀。

3. 放入少许料酒，搅拌均匀。

4. 再调入适量酱油。

5. 加入少许高汤，搅拌均匀。

6. 将白萝卜研磨成萝卜泥，装碗，淋上少许酱油备用。

7. 锅中倒入适量食用油，小火加热，将一部分蛋液倒入锅中，让其铺满整个锅底。

8. 待凝固到半熟状态后，向后卷，制成蛋卷，待熟透后，取出切块，放入盘中，搭配紫苏叶、萝卜泥即可。

TIPS 煎鸡蛋的时候要注意火候，以免煎老鸡蛋，影响口感。

冷涮肉沙拉

原料 猪肉200克,生菜200克,黄瓜50克,西红柿100克,秋葵6根,大葱适量

调料 日式酱油适量,淀粉适量

制作步骤 practice

1. 大葱洗净，对半切开，切丝；黄瓜洗净，切丝。

2. 猪肉洗净，切片。

3. 秋葵洗净，去除根部，斜刀切小段。

4. 西红柿洗净，切块。

5. 将猪肉片装入碗中，撒入适量淀粉拌匀。

6. 锅中注水适量清水烧开，放入猪肉片。

7. 焯水后捞出猪肉片。

8. 另起锅，注水烧热，放入秋葵，略焯。

9. 待其熟透后捞出，与其他食材一起摆入盘中，食用时蘸日式酱油即可。

TIPS 要把生菜洗干净，最好用自来水不断冲洗，流动的水可避免农药残留。

日式梅肉沙司拌章鱼秋葵

原料 章鱼120克，秋葵4个，梅干3个，豆苗140克，朝天椒圈4克，高汤20毫升

调料 椰子油3毫升，凉白开10毫升，木鱼花适量

制作步骤 practice

1. 洗净的豆苗切小段；秋葵洗净后去柄切去两端，切片。

2. 洗净的章鱼将头和须分离，章鱼须切开，切小段；划开章鱼头，取出杂质，洗净后切条。

3. 锅中注水烧开，放入切好的章鱼。

4. 汆烫1分钟至熟，关火后捞出汆熟的章鱼，放入凉白开中降温；捞出降温好的章鱼，沥干水分，装碗待用。

5. 取大碗，倒入椰子油、凉白开、高汤。

6. 加入木鱼花、梅干，拌匀。

7. 倒入凉透的章鱼，加入切好的秋葵片。

8. 将食材拌匀。

9. 将切好的豆苗铺在盘底，倒入拌匀的食材，放上朝天椒圈即可。

TIPS 凉拌的时候可以放入少许陈醋，更能促进食欲。

汤品类

土豆洋葱蟹味菇味噌汤

原料 蟹味菇 150 克，白洋葱 100 克，土豆 300 克，

调料 食用油适量，味噌少许

制作步骤 practice

1. 白洋葱去表皮、洗净,切丝。
2. 土豆去皮、洗净,切丁。
3. 蟹味菇去除根部,洗净备用。

4. 锅中注油烧热,倒入洋葱丝。
5. 再放入切好的土豆丁。
6. 将食材翻炒均匀,加入适量清水,略煮。

7. 加入蟹味菇,小火煮至蟹味菇有些变软。
8. 加入适量味噌。
9. 搅拌至味噌化开,食材入味盛出即可。

TIPS 切好的土豆在烹饪前可以先用清水浸泡,防止其氧化变黑。

蚬味噌汤

Chapter 1 日式料理

原料 蚬 150 克，干海带 50 克

调料 味噌适量

制作步骤 practice

1. 将干海带用清水泡发。

2. 将泡发的干海带洗净，切小块。

3. 锅置火上，倒入适量清水，放入海带，煮沸。

4. 将洗净的蚬放入锅中。

5. 调入适量的味噌，煮至其化开。

6. 煮至蚬壳开口，关火盛出即可。

TIPS 蚬肉难以清洗干净，所以在烹饪前可以汆水，汆水时淋入适量料酒，可除去杂质与腥味。

松肉汤

原料 白萝卜100克,胡萝卜50克,大葱30克,蟹味菇40克,粗山药300克,油炸豆腐50克,牛蒡50克

调料 盐、味噌各少许

Chapter 1 日式料理

制作步骤 practice

1. 白萝卜、胡萝卜均洗净切滚刀块；大葱斜刀切小段。
2. 油炸豆腐切小条。
3. 山药切滚刀块。

4. 蟹味菇去除菌柄，再撕成小株。
5. 将山药放入碗中，加入盐，去除黏液，用水洗净，备用。
6. 锅中注油，烧热，放入白萝卜、胡萝卜、山药加入锅中，大火爆炒后，加入适量清水。

7. 放入油炸豆腐。
8. 将蟹味菇加入汤中拌匀。
9. 调入味噌拌匀，盛出即可。

TIPS 食材要切得均匀一些，这样口感会更好。

猪肉酱汤

原料 猪五花肉100克，白萝卜100克，胡萝卜60克，牛蒡50克，魔芋50克，卤水豆腐1块，大葱30克

调料 食用油、味噌各适量

Chapter 1 日式料理

制作步骤 practice

1. 大葱洗净，切小段；将猪肉切成适合一口食用大小的片。

2. 白萝卜去皮、洗净，切成扇形。

3. 胡萝卜去皮、洗净，切成半月形。

4. 魔芋洗净，用手撕成一口大小的块状。

5. 豆腐洗净，切成适合一口食用大小的块状；牛蒡洗净，切成粗长条。

6. 锅中注入适量食用油，加热，放入牛蒡、胡萝卜。

7. 再将白萝卜、魔芋、猪肉放入锅中，炒匀后加入适量清水。

8. 沸腾后撇去浮沫，加入适量味噌，搅拌至味噌化开。

9. 再将豆腐、大葱块放入锅中，略煮，关火盛出即可。

TIPS 因为味噌有咸味，所以无需再放盐。

三文鱼生鱼片

原料　三文鱼 300 克，紫苏叶 10 克，白萝卜 30 克，柠檬少许

调料　青芥末、寿司醋各适量

制作步骤 practice

1. 白萝卜磨成泥，垫在洗净的紫苏叶上摆入盘中。

2. 处理好的三文鱼由中间切成两块。

3. 取其中半块，切约 0.5 厘米厚的片。

4. 依次将其余部分切成厚片。

5. 再取另外半块，斜刀切片。

6. 将其余部分依次切成片状后，将食材摆入盘中，食用时挤入柠檬汁，搭配青芥末和寿司醋即可。

TIPS　制作三文鱼时，手和刀上会有腥味，用柠檬擦手和刀，可以彻底去除腥味。

墨鱼生鱼片

Chapter 1 日式料理

原料 墨鱼 400 克,白萝卜 50 克,紫苏叶 10 克

调料 寿司醋、黄芥末各少许

制作步骤 practice

1. 白萝卜磨成泥,放在洗净的紫苏叶上摆入盘中。

2. 墨鱼洗净切成两部分。

3. 取其中一部分切 0.3 厘米左右的条状。

4. 取另一部分墨鱼,斜刀切成片。

5. 依次将余下的部分切成片。

6. 将切的好的食材码好后逐一装盘,食用时搭配寿司醋和黄芥末即可。

TIPS 墨鱼表层的薄膜一定要剥除,以免影响口感。

烧料理

照烧鸡肉

原料 鸡腿肉1块，杏鲍菇1根，香菜少许，樱桃萝卜3个

调料 酱油5毫升，料酒3毫升，白糖8克，生姜汁2毫升，白酒3毫升，盐少许，食用油适量

制作步骤 practice

1. 将白糖装入碗中,加入酱油。

2. 再加入适量生姜汁、料酒拌匀。

3. 将杏鲍菇洗净,吸干水分,去除根部,切成片状。

4. 将鸡腿肉去骨,用叉子在鸡皮上戳几个小洞。

5. 将鸡肉放入碗中,加入盐、白酒、少许调好的白糖酱油汁,拌匀,腌渍片刻。

6. 锅中注油烧热后,将鸡皮朝下,放入腌好的鸡肉煎制。

7. 将鸡皮煎至金黄色时,翻面续煎5分钟,将杏鲍菇片放入锅中,两面煎至金黄色时,取出锅中的食材。

8. 将余下的白糖酱油汁倒入锅中,略煮片刻。

9. 将煎好的鸡肉再次放入锅中,中火煎至鸡肉入味、上色后,取出切成小块与杏鲍菇、樱桃萝卜、香菜一起装盘。

TIPS 叉子在鸡皮上戳几个小洞,能使鸡肉在腌渍时更入味。

味噌香葱

原料 大葱 20 克

调料 料酒 2 毫升,椰子油 5 毫升,味噌 20 克,花生酱 5 克

制作步骤 practice

1. 洗净的大葱切圈。

2. 取出备好的碗,倒入花生酱、味噌、料酒,注入适量的清水,拌匀制成酱。

3. 热锅注入适量的椰子油,烧热,倒入大葱,爆香。

4. 倒入调制好的酱炒匀,再将炒好的香葱盛入盘中即可。

烧烤秋刀鱼

原料 秋刀鱼肉300克,柠檬50克

工具 刷子1把,烤箱1台,锡纸适量

调料 盐2克,生抽3毫升,料酒4毫升,食用油适量

制作步骤 practice

1. 将洗净的秋刀鱼肉切段,切花刀。

2. 把鱼肉段放盘中,加入盐、料酒、生抽,注入少许食用油,拌匀,腌渍约10分钟。

3. 烤盘中铺好锡纸,刷上底油,放入鱼肉摆好,抹上食用油,推入预热的烤箱中。

4. 调温度为200℃,烤约10分钟,至食材熟透,取出装在盘中,挤上柠檬汁即可。

芝麻味噌煎三文鱼

原料 三文鱼肉、去皮白萝卜各 100 克，白芝麻 3 克

调料 椰子油、生抽、味醂各 2 毫升，料酒 3 毫升，味噌 10 克

制作步骤 practice

1. 洗净的三文鱼肉对半切开成两厚片；白萝卜切圆片，改切成丝。
2. 切好的三文鱼装碗，倒入椰子油。
3. 加入白芝麻、味噌、料酒、味醂、生抽。

4. 拌匀，腌渍10分钟至入味。
5. 热锅中放入腌好的三文鱼。
6. 煎约90秒至底部变色，翻面。

7. 倒入少许腌渍汁，续煎约1分钟至三文鱼六成熟。
8. 翻面，放入剩余的腌渍汁。
9. 续煎1分钟至三文鱼熟透、入味，关火后盛出煎好的三文鱼，装碗，一旁放入切好的白萝卜丝即可。

TIPS 放入三文鱼后要调小火，以免煎煳。

姜汁烧肉

Chapter 1 日式料理

原料 瘦肉片120克,圆白菜65克,胡萝卜50克,洋葱45克,姜末10克,熟白芝麻少许

调料 盐、鸡粉各2克,白胡椒粉少许,蚝油6克,生抽4毫升,米酒20毫升,食用油适量

制作步骤 practice

1. 将洗好的圆白菜切粗丝。

2. 洗净去皮的胡萝卜切片,再切丝,去皮的洋葱切粗丝。

3. 把胡萝卜丝和圆白菜丝倒入大碗中,注入适量凉白开,拌匀,浸泡一会儿。

4. 瘦肉片装小碗中,倒入适量米酒,加入生抽、盐、鸡粉。

5. 撒上白胡椒粉,拌匀,腌渍约10分钟,待用。

6. 用油起锅,倒入腌渍好的肉片,炒匀,撒上姜末,爆香。

7. 加入蚝油,炒匀,倒入余下的米酒,炒出香味。

8. 放入洋葱丝,大火快炒至食材熟透,盛入盘中,撒上熟白芝麻,再倒入泡好的蔬菜,摆好盘即成。

TIPS 浸泡蔬菜时可加入少许盐和白醋,食用时口感会更爽脆。

和风牛肉饼

原料 牛肉馅200克,鸡蛋1个,洋葱50克,圣女果50克,白萝卜泥、芹菜叶各适量,蟹味菇50克,尖椒50克

调料 盐、胡椒粉、酱油、食用油各适量

Chapter 1 日式料理

制作步骤 practice

1. 将鸡蛋打入碗中,搅拌成蛋液,调入适量盐,再加入适量胡椒粉搅匀。

2. 再放入适量酱油,搅匀。

3. 洋葱洗净切碎,备用。

4. 牛肉馅装入碗中,加入适量蛋液。

5. 将洋葱碎放入牛肉馅中,搅匀。

6. 将拌好的牛肉馅制成肉饼,备用。

7. 锅中注油烧热,放入牛肉饼。

8. 煎至一面有些焦时,将其翻面。

9. 另起锅,注油烧热,放入尖椒、蟹味菇、圣女果,煎至食材熟透,摆入装有牛肉饼的盘中,再放入萝卜泥、芹菜叶即可。

TIPS 拌牛肉馅时可以加入适量五香粉,味道会更好。

三文鱼蒸豆腐

原料 三文鱼150克,海带50克,嫩豆腐1块,红辣椒30克,白萝卜50克,葱花适量

调料 盐少许

Chapter 1 日式料理

制作步骤 practice

1. 将红辣椒洗净，切碎。

2. 白萝卜去皮、洗净，磨碎成萝卜泥，放入碗中备用。

3. 将红辣椒碎加入放有萝卜泥的碗中。

4. 搅拌均匀备用。

5. 嫩豆腐洗净切小块，备用。

6. 将三文鱼洗净，装入蒸碗中，再放入豆腐、海带，加少许盐。

7. 将蒸碗放入蒸锅中，加盖大火蒸沸后，转小火蒸。

8. 蒸至三文鱼变色，揭盖将三文鱼取出。

9. 在蒸好的食材上放上红椒萝卜泥和葱花即可。

TIPS 嫩豆腐易碎，处理豆腐时要小心。

酒蒸蛤蜊

Chapter 1　日式料理

原料　蛤利 400 克，葱花 15 克，姜块适量

调料　白酒适量，酱油 5 毫升

制作步骤 practice

1. 姜洗净，切细丝，备用。

2. 蛤蜊洗净，放入锅中。

3. 将白酒倒入锅中。

4. 放入姜丝。

5. 加盖，开火蒸。

6. 蒸至蛤蜊开口，揭盖，淋入适量酱油，再撒上葱花即可食用。

TIPS　蛤蜊可以提前浸泡在清水中，滴入几滴芝麻油，这样可以使沙吐得更干净。

蔬菜蒸

Chapter 1 日式料理

原料 南瓜 200 克，红薯 250 克，西蓝花 50 克

调料 味噌 20 克，芝麻油 5 毫升，蜂蜜 8 克

制作步骤 practice

1. 南瓜去皮、洗净，切成块。

2. 红薯去皮、洗净，切小段；碗中放上味噌、芝麻油、蜂蜜、温水，拌匀制成调味汁。

3. 蒸锅置火上，放入南瓜。

4. 再放入红薯段。

5. 最后放入洗净的西蓝花。

6. 加盖蒸至食材熟透后，将煮好的食材取出，搭配调味汁食用即可。

TIPS 喜欢辛辣味的可以往酱汁中加入适量的辣椒油。

茶碗蒸

原料 鸡蛋2个,香菇、鸡胸肉各50克,高汤适量

调料 酱油、料酒各适量

制作步骤 practice

1. 鸡胸肉洗净,切成薄片,放入蒸碗底部。

2. 香菇洗净,擦去表面水分,去除菌柄,切成薄片。

3. 将鸡蛋打入碗中,加入、酱油、料酒,搅拌成蛋液,加入高汤拌匀。

4. 将制好的蛋液加入备好的蒸碗中。

5. 装至茶碗顶部还有一指宽左右的位置。

6. 再放上切好的香菇片。

7. 将茶碗放入备好的蒸锅中。

8. 加盖,大火蒸沸后,转小火蒸。

9. 待蒸至食材熟透时,揭盖将其取出即可。

TIPS 鸡蛋蒸熟后有鲜香味,不用另外放鸡粉调味。

可乐饼

原料 土豆200克,白洋葱30克,牛肉馅50克,玉米粒30克,鸡蛋1个,面包糠、面粉、淀粉各适量

调料 盐3克,黑胡椒粉3克,胡椒粉、食用油各适量

Chapter 1　日式料理

制作步骤 practice

1. 土豆去皮、洗净，切厚片，放入蒸锅中蒸熟后，取出装入碗中，将熟土豆片碾压成土豆泥。

2. 调入盐拌匀，再加入适量胡椒粉，搅拌均匀备用。

3. 锅中注油，倒入玉米粒，略炒，再加放白洋葱碎，最后放入牛肉馅。

4. 炒至牛肉变色，调放盐，加入适量黑胡椒粉，炒匀，盛出备用。

5. 将炒好的牛肉馅加入土豆泥中，搅拌均匀，加入适量淀粉，搅拌均匀。

6. 将牛肉土豆泥制成可乐饼坯，将可乐饼坯用面粉裹住。

7. 再用蛋液裹住。

8. 最后再裹上面包糠。

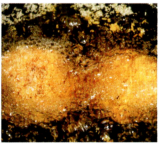

9. 锅中注油烧后，放入可乐饼坯，炸至其呈金黄色熟透时将其捞出，沥干油即可。

TIPS 制作可乐饼生坯时可加入少许水淀粉，黏性更好，也更易成形。

日式炸猪排

Chapter 1 日式料理

原料 猪里脊肉 150 克,生菜 80 克,鸡蛋 3 个,面粉、面包糠各适量

调料 盐 3 克,胡椒粉 5 克,烧烤酱 10 克,食用油适量

制作步骤 practice

1. 生菜洗净,切丝。

2. 将猪里脊肉切成厚片,表面抹上少许盐、胡椒粉,腌渍片刻。

3. 鸡蛋打入碗中,搅散成蛋液,备用

4. 将腌渍好的里脊肉片裹上面粉。

5. 将裹有面粉的猪里脊肉,放入蛋液中,裹上一层蛋液后再裹上一层面包糠。

6. 锅中注入适量的食用油,烧热后放入里脊肉片,炸三四分钟至其成金黄色,盛出,与生菜丝、圣女果、烧烤酱一起摆入盘中即可。

TIPS 用刀背将肉片来回敲打,以打断其"筋脉",这样可以让肉吃起来更加软嫩。

炸肉饼

原料 猪肉馅30克，牛肉馅80克，圆白菜30克，西红柿20克，黄瓜20克，苹果50克，鸡蛋1个，面包糠适量

调料 淀粉、盐各适量，黑胡椒粉、白酒各少许，食用油适量

制作步骤 practice

1. 西红柿切小瓣；苹果去皮、洗净，切细丝；圆白菜洗净、切细丝；黄瓜洗净、切细丝。

2. 将圆白菜丝、黄瓜丝、苹果丝倒入碗中，搅拌均匀，备用。

3. 将猪肉馅、牛肉馅放入碗中，拌匀，加入适量盐。

4. 撒入少许黑胡椒粉。

5. 将打好的蛋液倒入肉馅中。

6. 再加入少许白酒，再放入适量淀粉，将肉馅搅拌均匀。

7. 将拌好的肉馅制成肉饼生坯。

8. 肉饼上刷上蛋液，再裹上面包糠。

9. 锅中注油，烧热，放入制好的肉饼，待食材熟透，表面呈金黄色时，将其取出摆入盘中，放上蔬菜丝即可。

TIPS 炸肉饼时，要注意把握好火候和炸制的时间，以免炸煳。

味噌香炸鸡胸肉

Chapter 1 日式料理

原料 鸡胸肉 250 克，西红柿 100 克，柠檬 20 克，鸡蛋清 20 克，生菜 10 克，蒜末少许

调料 盐 2 克，胡椒粉 2 克，豆瓣酱 5 克，味噌 15 克，味醂 10 毫升，淀粉适量，椰子油 5 毫升，食用油适量

制作步骤 practice

1. 洗净的鸡胸肉对切开，切片。

2. 洗净的西红柿去蒂，对半切开，切成小瓣；柠檬切块。

3. 鸡胸肉装入碗中，放入盐、胡椒粉，搅拌均匀。

4. 取一个碗，倒入椰子油、味噌、鸡蛋清、味醂，再放入豆瓣酱、蒜末，搅拌均匀。

5. 放入腌渍好的鸡胸肉，拌匀，倒入淀粉，裹匀。

6. 备好盘子，摆放上洗净的生菜，待用。

7. 锅中注入适量食用油，烧至六成热，放入鸡胸肉，炸至酥脆。

8. 将炸好的鸡胸肉捞出，摆放在装好生菜的盘中，再摆放上西红柿、柠檬块即可。

TIPS 鸡胸肉可多腌渍一会儿，口感会更鲜嫩。

日式炸鸡块

原料　鸡腿肉 250 克，柠檬 1 个，紫苏叶适量

调料　酱油 5 毫升，白酒 3 毫升，白糖少许，生姜汁 3 毫升，盐、胡椒粉各少许，土豆淀粉、食用油各适量

制作步骤 practice

1. 将鸡腿肉洗净，擦去表面水分，去除骨头后，切成适合一口食用大小的块。

2. 将少许酱油倒入碗中，加入少量白酒、生姜汁。

3. 将切好的鸡肉块放入碗中，加入盐、胡椒粉。

4. 加入少许酱油。

5. 再加入白糖、生姜汁，将其拌匀后腌渍片刻。

6. 鸡肉块表面均匀地裹上土豆淀粉。

7. 锅中烧热注油，待油温达到150℃时，放入鸡块。

8. 炸到表面有些变色，捞出。

9. 加大火候，待油温到180℃左右时，放入炸过的鸡块，炸到表面酥脆呈金黄色时，捞出装盘，摆上紫苏叶及柠檬即可。

TIPS 炸鸡块时，第一次炸完后捞起放几分钟，再放入油锅中复炸一下，口感更酥。

炸大虾

Chapter 1 日式料理

原料 鲜虾400克,天妇罗粉、面粉各适量

调料 盐少许,植物油适量

制作步骤 practice

1. 将鲜虾洗净,去除虾壳、虾线。

2. 将天妇罗粉倒入碗中,加入少许面粉,搅拌均匀。

3. 碗中加入适量清水,将其制成天妇罗面糊。

4. 面糊中加入少许盐。

5. 将虾仁内部横刀切些小口,但不要切断,让其变直。

6. 在虾仁的表面裹上面粉。

7. 再均匀裹上天妇罗面糊。

8. 锅中注油烧热,放入天妇罗生坯,炸至虾仁熟时,捞出食用即可。

TIPS 炸虾的时候要不停搅动,可以使受热均匀。

蔬菜天妇罗

Chapter 1 日式料理

原料 四季豆 50 克，杏鲍菇 50 克，去皮胡萝卜 50 克，洋葱 50 克，天妇罗粉、低筋面粉各适量

调料 盐 2 克，食用油适量

制作步骤 practice

1. 胡萝卜切圆片；洗净的四季豆去两端，切成两段。

2. 洗好的杏鲍菇切厚片，切成两段；洗净的洋葱剥散，对半切开。

3. 低筋面粉中倒入天妇罗粉、盐，倒入清水，搅匀成面糊。

4. 锅中倒入食用油，烧至六成热，将切好的杏鲍菇倒入面糊中，裹匀后放入油锅中。

5. 面糊中继续放入切好的胡萝卜片，裹匀，放入油锅中，炸半分钟至食材熟透，捞出炸好的杏鲍菇和胡萝卜片，沥干油分，装盘待用。

6. 面糊中放入四季豆、洋葱，将裹匀面糊的四季豆、洋葱放入油锅中，炸 2 分钟至食材熟透捞出，沥干油分，放在杏鲍菇和胡萝卜片上即可。

TIPS 油烧热至冒出小泡，即表示油温达到要求。

日式黄萝卜块

原料 白萝卜 300 克

调料 盐少许，姜黄粉、白糖、白醋各适量

Chapter 1 日式料理

制作步骤 practice

1. 白萝卜去皮、洗净,切块。

2. 将萝卜块装入密封袋中。

3. 加入盐,腌渍一天左右。

4. 将腌渍过的萝卜块密封在袋里边的水分倒出。

5. 再次加入适量白糖。

6. 再倒入适量白醋。

7. 加入适量姜黄粉,封住口袋,将加入的调料与萝卜块拌匀。

8. 封好袋,将其摇匀,腌渍至萝卜块变黄色。

9. 将腌渍好的萝卜块取出,倒去其中腌汁,冲洗后装入碗中食用即可。

TIPS 用盐将白萝卜腌渍一遍,可以去除白萝卜的辛辣味。

醋拌胡萝卜

Chapter 1 日式料理

原料 胡萝卜 300 克,话梅 50 克,紫苏叶 1 片

调料 白糖 120 克,盐适量

制作步骤 practice

1. 胡萝卜去皮,洗净切条。

2. 将胡萝卜条放入碗中,加入盐腌渍至其变软。

3. 话梅放入碗中。

4. 加入适量白糖。

5. 再加入适量清水。

6. 搅拌至白糖化开。

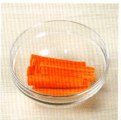

7. 将腌渍好的胡萝卜中的水分倒去。

8. 将胡萝卜放入糖水梅干的碗中,腌渍至放味,取出,放入垫有紫苏叶的盘中即可。

TIPS 腌渍好的萝卜可以挤去水分再食用,以免味道过重。

日式腌黄瓜

原料　荷兰小黄瓜 2 根

调料　味噌、盐各少许，白糖适量

制作步骤 practice

1. 黄瓜洗净，切滚刀块，放入大碗中，加入适量盐拌匀。

2. 取一空碗，放入适量味噌，再加入适量白糖。

3. 再加入适量清水，搅拌以便让白糖和味噌化开。

4. 将调好的腌汁倒入黄瓜块的碗中，腌渍至食材入味后，取出黄瓜食用即可。

一夜渍

原料 圣女果 300 克，梅干适量

调料 白糖少许

制作步骤 practice

1. 圣女果洗净，在表面横腰切开表皮，放入热水中烧煮，捞出去皮，装杯备用。

2. 另起一锅，注水烧热后放入梅干，煮至松软后，将其倒出。

3. 将备好的白糖化水后倒入煮好的梅汁中，再倒入剥了皮的圣女果中。

4. 用盖子将梅干圣女果压住，腌渍至其入味后，滤去梅汁即可。

寿司

稻荷寿司

原料 油炸豆腐4块,大米50克,白芝麻少许,高汤适量

调料 寿司醋适量

制作步骤 practice

1. 将洗好的大米放入清水中,浸泡一会儿后,沥水,入锅中蒸成米饭。

2. 将油炸豆腐用擀面杖擀至松软。

3. 将油炸豆腐放入高汤中。

4. 煮至熟软后将其捞出。

5. 将油炸豆腐一边切去一小部分。

6. 将煮好的米饭盛入碗中,加入适量寿司醋。

7. 再放入少许白芝麻,搅拌均匀。

8. 取一块油炸豆腐,将拌好的米饭装入其中,装至油炸豆腐一半容量的米饭即可。

9. 多余部分的油炸豆腐,将其卷过去,制成寿司卷状,依次将其余的油炸豆腐做成寿司即可。

TIPS 可以事先将油炸豆腐放入热水中煮片刻,去除油脂。

三文鱼寿司

Chapter 1 日式料理

原料 新鲜三文鱼 300 克,米饭适量

调料 寿司醋、芝麻油各适量,青芥末少许

制作步骤 practice

1. 处理好的三文鱼由中间切成两块。

2. 取其中半块,约 0.5 厘米厚的片。

3. 依次将其余部分切成厚片。

4. 再取另外半块,斜刀切片。

5. 备好一个空碗。

6. 将煮好的米饭盛入碗中,加入寿司醋。

7. 再放入少许芝麻油,将米饭搅拌均匀。

8. 将米饭中塞入三文鱼块,捏成数个长方形的饭团,放上切好的三文鱼生鱼片,挤上青芥末即可。

TIPS 用手握饭团的时候,可以在手上抹适量芝麻油,以免饭粒粘在手上。

Chapter 1　日式料理

三拼军舰寿司

原料　大米适量，紫菜 4 张，罐装玉米粒 50 克，鱼子酱 30 克，罐装金枪鱼 50 克

调料　寿司醋、沙拉酱各适量，白芝麻少许

制作步骤 practice

1. 将大米用水洗净，放入清水中，浸泡一会儿，再放入锅中蒸成米饭，盛入碗中。

2. 米饭中加入适量寿司醋。

3. 再放入少许白芝麻，搅拌均匀，将米饭捏成数个长形饭团。

4. 将玉米粒装入碗中，加入适量沙拉酱拌匀，备用。

5. 将金枪鱼放入碗中，加入适量沙拉酱拌匀，备用；剪一条紫菜，其高度高于捏好的饭团的高度。

6. 取一条紫菜，围住饭团外边，再在饭团上分别放入金枪鱼、玉米粒、鱼子酱即可。

TIPS　蒸好的米饭趁热搅拌至松散再加入调料，这样做出来的寿司味道会更好。

蛋包饭

原料 鸡蛋5个，米饭适量，白洋葱50克，鸡胸肉30克，香菜碎少许，牛奶适量

调料 盐3克，食用油、黑胡椒粉、番茄酱各适量

Chapter 1 日式料理

制作步骤 practice

1. 鸡胸肉洗净，切小块；洋葱洗净，切碎。

2. 锅中注油烧热，倒入鸡胸肉块、洋葱碎，翻炒。

3. 加入适量盐，炒匀，再加入适量黑胡椒粉，拌匀。

4. 把备好的米饭加入锅中，炒至米饭松散。

5. 加入适量番茄酱，炒至包裹住所有食材。

6. 放入香菜碎，炒匀，盛出备用。

7. 将鸡蛋打入碗中，搅成蛋液备用，蛋液中加入牛奶，调入盐，搅拌均匀。

8. 锅中刷油，倒入蛋液，煎至其固形。

9. 将炒好的米饭倒在蛋饼上，由一端慢慢卷起，最后包好炒饭，盛出放入盘中即可。

TIPS 煎蛋皮时要不停转动锅，受热会更均匀。

糯米赤豆饭

Chapter 1 日式料理

原料 糯米200克,赤小豆80克,黑芝麻适量

制作步骤 practice

1. 锅中注水,放入赤小豆,煮沸,转小火煮至汤水变红。

2. 煮至赤小豆熟软,汤水较红时关火,将煮好的赤小豆汤水倒入碗中,备用。

3. 放入洗净的糯米,浸泡至糯米上色,后将赤小豆水倒出。

4. 蒸锅中铺好蒸布,倒入糯米,铺匀。

5. 再放入煮过的赤小豆。

6. 将赤小豆和糯米搅拌均匀。

7. 加盖蒸至沸腾后,转小火蒸。

8. 揭盖,将蒸好的饭盛入碗中,撒上黑芝麻即可。

TIPS 糯米不易消化,若胃不好的人食用可以减少用量,或用大米替代糯米。

日式炸猪排盖饭

原料 猪里脊肉 150 克,生菜 80 克,鸡蛋 3 个,面粉、面包糠、米饭各适量

调料 盐 3 克,胡椒粉 5 克,烧烤酱 10 克,食用油适量

Chapter 1 日式料理

制作步骤 practice

1. 生菜洗净，切丝。

2. 将猪里脊肉切成厚片，表面抹上少许盐、胡椒粉，腌渍片刻。

3. 鸡蛋打入碗中，搅散成蛋液，备用。

4. 将腌渍好的里脊肉片沾上面粉。

5. 将沾有面粉的猪里脊肉，放入蛋液中，裹上一层蛋液。

6. 再裹上一层面包糠；锅中注入适量的食用油，烧热后放入里脊肉片，炸三四分钟至其成金黄色，盛出。

7. 将炸好的猪排切条形。

8. 米饭装入碗中，放上少许生菜丝。

9. 再放上切好的猪排，最后淋上烧烤酱即可。

TIPS 盛盘后再沾上自己喜欢吃的调料酱味道会更好。

三文鱼烤饭团

Chapter 1 日式料理

原料 三文鱼 180 克，海苔片 4 张，熟米饭适量

调料 盐 2 克，黑胡椒、食用油各适量

工具 电烤箱 1 台，锡纸 1 张

制作步骤 practice

1. 热锅注油烧热，放入三文鱼，煎至熟盛出装入盘中，将煎好的三文鱼剁碎，待用。

2. 取碗，放入鱼肉、米饭，加入盐、黑胡椒，搅拌匀。

3. 将拌好的食材捏制成饭团。

4. 再用备好的海苔将其卷起。

5. 在烤盘上铺上锡纸，刷上食用油，放上饭团。

6. 备好烤箱，将烤盘放入。

7. 关上门，温度调为 210℃，选定上下加热，定时烤 5 分钟。

8. 待时间到打开门，取出烤盘，将烤好饭团装入盘中即可。

TIPS 喜欢海苔脆脆口感的可多烤一会儿。

牛肉盖饭

Chapter 1 日式料理

原料 牛肉150克，洋葱60克，卤汁20毫升，米饭300克，黄油20克

调料 盐、白胡椒粉各1克，小苏打、淀粉各2克，料酒3毫升，食用油适量

制作步骤 practice

1. 洗净的洋葱切开，切丝。

2. 洗好的牛肉切片，装碗待用。

3. 牛肉片中加入盐、料酒、白胡椒粉、淀粉，拌匀。

4. 倒入淀粉，继续搅拌匀，腌渍2分钟至牛肉入味。

5. 热锅注油，倒入洋葱丝，炒约1分钟至香味飘出，关火后盛出炒好的洋葱，装盘待用。

6. 倒入黄油，煎至化开，倒入腌好的牛肉，煎炒至两面微黄。

7. 加入卤汁，稍煮约2分钟至牛肉收汁后关火。

8. 米饭上放入炒好的洋葱。盖上炒好的牛肉即可。

TIPS 洋葱切开后在水中泡一会儿再切，这样可以避免刺激眼睛。

面食

章鱼小丸子

原料 章鱼烧粉 100 克,鸡蛋 1 个,章鱼 1 条,圆白菜 30 克,洋葱半个,青海苔粉适量

调料 食用油、木鱼花、沙拉酱、章鱼烧汁各适量

制作步骤 practice

1. 将章鱼、圆白菜、洋葱切成丁。
2. 将章鱼烧粉、鸡蛋、清水用手动打蛋器在碗中搅匀成浆汁，倒入量杯备用。
3. 在章鱼小丸子烤盘上刷一层油预热。

4. 将浆汁倒入至七分满。
5. 加入章鱼粒、圆白菜粒、洋葱粒。
6. 继续倒入浆汁至烤盘填满。

7. 下面的面糊成形后，用钢针沿孔周围切断面糊，翻转丸子，将切断的面糊往孔里塞。
8. 继续翻，直到丸子外皮成金黄色。
9. 将烤好的小丸子装盘，撒木鱼花、青海苔粉，淋章鱼烧汁、沙拉酱即可。

TIPS 食材宜切得小一些，更利于放入丸子中。

天妇罗乌冬面

Chapter 1 日式料理

原料 四季豆、杏鲍菇、去皮胡萝卜、洋葱各50克，天妇罗粉、低筋面粉、乌冬面各适量

调料 盐2克，日式酱油、椰子油各适量

制作步骤 practice

1. 胡萝卜切圆片；四季豆切成两段；洗好的杏鲍菇切厚片，切成两段；洗净的洋葱剥散，对半切开。

2. 低筋面粉中倒入天妇罗粉、盐，倒入清水，搅匀成面糊。

3. 锅置火上，倒入椰子油，烧至六成热，将切好的杏鲍菇倒入面糊中，裹匀后放入油锅中。

4. 面糊中继续放入胡萝卜片裹匀，放入油锅中炸半分钟至熟透，捞出炸好的杏鲍菇和胡萝卜片。

5. 面糊中放入切好的四季豆、洋葱，裹上面糊放入油锅中，油炸2分钟至食材熟透、外表金黄。

6. 捞出，沥干油分，放在杏鲍菇和胡萝卜片上即可。

7. 另起一锅，注水烧开，放入乌冬面，煮熟后捞出。

8. 在煮乌冬面的水中加入少许日式酱油，煮沸后盛出，放入乌冬面和天妇罗即可。

TIPS 煮乌冬面时可加入少许盐，面条会更筋道。

油炸豆腐乌冬面

日式料理

原料 菠菜 40 克，大葱 20 克，油炸豆腐 50 克，乌冬面 100 克

调料 酱油 5 毫升，料酒 3 毫升，盐 2 克

制作步骤 practice

1. 菠菜洗净，切小段；大葱洗净，切细丝；油炸豆腐，切小块。
2. 将油炸豆腐放入锅中。
3. 加入适量清水，煮沸。
4. 加入酱油。

5. 再加料酒。
6. 调入盐，略煮后盛出，备用。
7. 另起一锅，注水，放入乌冬面，煮至乌冬面熟软后，捞出。
8. 再将菠菜放入水中，略焯后捞出，和乌冬面一起倒入油炸豆腐汤汁中即可。

TIPS 菠菜在焯水的时候可以加入适量的淀粉，这样可以保持菠菜的青翠，从而促进食欲。

鸡汁拉面

Chapter 1 日式料理

原料 乌冬面1袋，鸡胸肉35克，海苔适量，炸蒜片、芹菜末各少许，鸡骨高汤400毫升

调料 盐、鸡粉各2克，生抽4毫升

制作步骤 practice

1. 将洗净的鸡胸肉切片，再切小块，备用。

2. 锅中注入适量清水烧开，放入备好的乌冬面，拌匀，用中火煮约4分钟，至面条熟透。

3. 关火后捞出煮熟的面条，沥干水分，待用。

4. 另起锅，注入备好的鸡骨高汤，用大火略煮一会儿。

5. 加入盐、鸡粉，拌匀，淋入适量生抽，拌匀。

6. 待汤汁沸腾，倒入鸡肉，拌匀，煮至断生，制成汤料，待用。

7. 取一个汤碗，倒入煮熟的面条，盛入锅中的汤料。

8. 撒上炸蒜片、芹菜末，放入备好的海苔即成。

TIPS 面条下锅后，要搅拌匀，以免结成块。

锅料理

日式牛肉火锅

原料 牛肉200克,白菜100克,香菇6个,豆腐1块,魔芋丝200克,茼蒿200克,大葱40克

调料 酱油10毫升,白酒5毫升,白糖5克,食用油适量

日式料理

制作步骤 practice

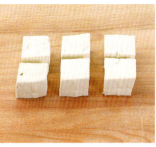

1. 牛肉洗净,擦去表面水分,切成片;白菜洗净,沥干表面水分,切成段。

2. 香菇用纸擦净,切瓣;大葱洗净,斜刀切葱段。

3. 茼蒿洗净,切段;豆腐洗净,切成四方块状;将酱油、白酒、白糖混合一起拌匀,制成味汁。

4. 锅中淋入食用油。

5. 将葱段放入锅中。

6. 再放入牛肉片。

7. 煎至牛肉稍稍变色时,加入拌好的味汁。

8. 加入适量清水至没过食材。

9. 再将豆腐、香菇、白菜、魔芋丝、茼蒿放入锅中,煮至食材熟透即可。

TIPS 牛肉肉质较硬,切片时要与肉的纹理垂直,这样能把肉筋切断,方便咀嚼食用。

筑前煮

Chapter 1 日式料理

原料 鸡腿肉150克，胡萝卜60克，莲藕80克，去皮牛蒡60克，干香菇3个，魔芋80克，四季豆30克

调料 食用油适量，味醂、白糖、酱油各少许

制作步骤 practice

1. 莲藕去皮洗净，斜刀切滚刀块；牛蒡洗净、切块。

2. 胡萝卜洗净，切块；鸡腿肉洗净，擦干表面水分，切成适合一口食用大小的块。

3. 干香菇放入清水中泡发；魔芋洗净，切成适合一口食用大小的块。

4. 锅中注油烧热，放入鸡肉，爆炒至变色后盛入碗中，鸡肉中加入适量白糖，再淋入适量味醂，拌匀。

5. 锅中注油烧热，放入牛蒡，加入切好的藕块，再放入胡萝卜，将锅中的食材拌炒匀。

6. 将泡发的香菇和魔芋块放入锅中，加入少许味醂。

7. 再加放适量白糖，放入腌渍好的鸡肉，加入少许酱油。

8. 放入洗净的四季豆，拌匀，煮至食材熟透后，盛出即可。

TIPS 将魔芋事先焯水，可以有效去除异味和碱味。

关东煮

原料 白萝卜200克,魔芋块200克,海带结100克,鱼豆腐150克,油炸豆腐100克

调料 淡酱油、料酒、盐各少许

制作步骤 practice

1. 萝卜去皮、洗净，切两段；魔芋洗净，切成适合一口食用大小的块。

2. 鱼豆腐洗净，擦去表面水分，切成适合一口食用大小的块。

3. 锅中注水，烧热，先放入萝卜块，再放入切好的魔芋块。

4. 将洗净的海带结放入锅中。

5. 加入淡酱油拌匀。

6. 再放入料酒、盐。

7. 用大火将汤汁煮沸，放入切好的鱼豆腐。

8. 搅拌均匀后，续煮。

9. 最后放入油炸豆腐，煮至食材熟软放味后盛出即可。

TIPS 煮食材的过程中，可以用汤勺不断地往食材上浇汤汁，让食材更入味。

马铃薯煮肉

原料 牛肉300克,白洋葱200克,土豆1个

调料 食用油、白酒、白糖、料酒、酱油各适量

制作步骤 practice

1. 牛肉洗净，擦干表面水分，切片；土豆去皮，洗净，切滚刀块。

2. 洋葱洗净，切丝。

3. 锅中注油烧热，放入牛肉片。

4. 炒至牛肉稍稍变色后续炒，炒至牛肉全部转色。

5. 将土豆块加入锅中。

6. 再放入洋葱丝。

7. 拌匀后，加入清水至没过食材即可。

8. 再放入适量白酒、白糖加入锅中，拌匀。

9. 放入适量料酒，搅匀，最后加入适量酱油，搅拌均匀，煮至食材熟透后盛出即可。

TIPS 切好的土豆可先在清水中泡去多余淀粉，口感会更好。

牛肉时雨煮

Chapter 1 日式料理

原料 牛蒡 50 克，牛肉 200 克

调料 食用油、酱油各适量，白糖、芝麻油各少许

制作步骤 practice

1. 牛肉洗净，擦干表面水分，切片。

2. 牛蒡去皮、洗净，切细丝。

3. 锅中注油烧热，放入牛肉片、牛蒡丝。

4. 锅中加入适量酱油。

5. 再加入适量清水。

6. 撒上少许白糖拌匀。

7. 用大火将锅中食材煮沸。

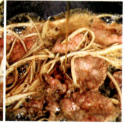

8. 淋入少许芝麻油，拌匀盛出即可。

TIPS 若不太喜欢牛蒡的味道，可以将牛蒡焯水，焯水时加入适量的白醋。

Chapter 2
韩式料理

韩剧不仅讲述了一些动人的爱情故事，
还给我们带来一股美食的"韩流"，
每部剧集都少不了享用美食的场景，
潜移默化间把韩国人的美食料理
深深印刻在我们的脑海之中。
引人食欲的韩国烤肉、
吱吱作响的石锅拌饭、
辛辣爽口的韩国泡菜、
热气腾腾的大酱汤……
学会了最经典的韩国料理，
再也不怕边看剧边舔屏，自己在家轻松做，
不费吹灰之力便可享用正宗的韩国美味。

韩国饮食文化

韩国属于温带气候，四季分明，人们擅长将食材做成发酵食物。另外，不同季节的各个时节菜肴的做法也不尽相同，这就拓展了活用各地区的特产，也培育出了韩国乡土饮食的文化。

韩国是由南向北延伸的半岛国家，四季分明，因此各地出产的农产品种类繁杂。又因三面临海，海产品也极为丰富。谷物、肉食、菜食材料多样化，黄酱、酱油、辣椒酱、鱼贝酱类等发酵食品的制造技术不断发展，使韩餐的主料和辅料互相搭配，再加入辣椒、大蒜、生姜、芝麻油等调味品，更使韩国风味进一步完善。

韩国的饮食结构以谷类为主，由各种烹饪方式制作的菜肴为配菜。饮食起名的时候一般将主材料放在菜名的前面，后面加烹饪的方式，如紫菜包饭、海带汤等。韩国饮食以其食用功能分为主食、副食和甜点。主食主要为饭、粥、米糕片、稀饭等。一般以米饭为主，其他根据需要适当调节。副食的第一作用是增进米饭的口味，第二是补充营养，副食的种类很多。副食主要以汤为主，有以汤汁为主可泡饭吃的汤类、汤汁与菜量相当的煲类、加一点儿汤汁煸炒的火锅类，还有在火上直接煎烤的烧烤和鱼肉串类、在平底锅中略加油煎的煎饼类，在蒸锅里反复炖成的清炖类、红烧类，以牛肉、海鲜为材料的生脍，生菜、熟菜等蔬菜类，牛肉和猪肉煮后切片的煮肉片，还有腌在辣椒酱、黄酱、酱油里的腌菜、发酵的鱼酱等等。吃完主食和副食后，食用的甜点主要有韩国传统的饼糕、油果、茶食、蜜饯以及什锦水果汤等。

韩国人爱吃辣椒，家常菜里几乎全放入辣椒，所以韩国菜馆里所用的作料基本上是辣椒粉与大蒜，在此基础上又加有多种不同风味的调味品，因此韩国菜除了辣味以外，还有独特的色、香、味，令人垂涎三尺。

韩国人普遍爱吃凉拌菜，凉拌菜是把蔬菜直接切好或用开水焯过后加上作料拌成的。种类很多，既有一种蔬菜做的，也有把几种蔬菜掺在一起做成的。韩国人喜欢约朋友到郊外野餐，尤其是在春天，三五知己来到郊外山坡，席地而坐，大家一齐动手，把带来的糯米饭放到槽子里捣成"打糕"，然后分享。此时，大自然的美景与亲友欢聚的快乐相交融，远比吃本身更为重要。

韩式料理常用工具

俗话说："工欲善其事，必先利其器。"要想制作出美味的韩式料理，就必须要提前准备好以及熟练运用各种所需工具。

1 石锅

在韩式料理中，石锅饭是最受欢迎的主食。而这美味则要归功于石锅的力量。石锅可直接在火上加热，在内层涂上一层芝麻油后，加热后会有一种独特的香味，属于当下正流行的无烟烹饪。

2 烤肉盘

烤肉盘是韩国家庭享用烤肉时必备的用具，一般可以用在电磁炉上，或是卡式炉上。烤肉盘有独特的漏油孔、导油管，在煎烤五花肉、牛排、口蘑时多余的油脂会顺着漏油孔、导油管排出。

3 紫菜包饭帘

紫菜包饭帘一般都由竹扦连接而成，是做紫菜包饭时的必要用具。紫菜包饭帘每次使用后都要进行充分的清洗，再放在阳光下铺开晒干，最后放入塑料袋中，放置在阴凉处保存。

4 保鲜盒

因为韩国人都很喜欢腌制小菜，用保鲜盒来盛装这些小菜，既不会串味，保存时间也长。一般玻璃保鲜盒比较受欢迎，它无异味，容易清洗，是主妇们的好帮手。

5 砂锅

砂锅是韩国烹饪中常用的厨具之一，主要用于烹制各种汤品。由于砂锅传热均匀，所以用其烹制的食材受热均匀。其次砂锅能更好的保留食材的原味，所以用砂锅小火慢炖，不但能让汤汁更美味，而且不失食材本来的味道，还能让汤汁更好地渗透到炖煮的食材中去。此外，砂锅还有助于保留食材本身的色泽。所以韩国炖煮类菜式常使用砂锅作为其烹饪厨具。

韩式料理常用食材

韩国饮食中涉及的食材种类繁多,无论是主食,还是蔬果肉类、水产海鲜,应有尽有,更有美味的酱料辅助。食材和酱料的完美搭配打造出纯正的韩式料理。

1 鱿鱼丝

鱿鱼丝是鱿鱼的加工制品,有干湿两种。干的熟制鱿鱼丝可以直接食用。如果要做拌菜,建议选择湿的。一般在大型菜市场、超市或网上商城可以买到。

2 银鱼

小银鱼是一种很小的食用海鱼,身体细长,颜色较浅,味道比较鲜美。韩国料理中用到的小银鱼大多是干制品。市场上卖的银鱼干是分大小的,大的一般用来做汤,小的一般用来做小菜。银鱼是高蛋白低脂肪食品,对身体很有好处。一般在大型菜市场、超市或网上商城可以买到。

3 牡蛎

牡蛎又叫海蛎子、蛎黄、生蚝、鲜蚵、蚝仔、蚵仔。买牡蛎时,要购买外壳完全封闭的;不要挑选外壳已张开的,这样的牡蛎不新鲜。

4 蕨菜

蕨菜又叫拳头菜、猫爪、龙头菜、鹿蕨菜、蕨儿菜、猫爪子,生长在山野林间,其食用部分是未展开的幼嫩叶芽。蕨菜在食用前要用沸水焯烫,再浸入凉水中除去异味。焯烫好后可以炒制、凉拌等。

Chapter 2　韩式料理

5 茼蒿

购买茼蒿时用手轻轻掐根部，如果很脆，容易折断，说明茼蒿很新鲜。茼蒿的叶子和茎都可以吃。

6 紫苏叶

紫苏叶是一种药食两用的植物，有一种特殊的香味，新鲜的紫苏叶表面有一层细小的刺。在韩式料理中一般会做成小菜或者包裹烤肉食用。一般大型菜市场有卖。

7 年糕

年糕条是一种糯米制品，适合做炒年糕，口感筋道，弹性好，久煮不容易散烂。一般在大型菜市场、超市或网上商城可以买到。

8 沙参

沙参既可入药，也可食用。在韩国通常用来入菜，一般大型的卖韩国食材的市场有售，有去皮和不去皮的两种，建议大家买去皮的，回去洗洗就可以直接用了。买不到的话，也可以在网上商城找一下。

韩式料理食材的基本切法

想要做出色香味俱全的料理，还必须了解各种食材的切法。刀工良好的食物，不仅能让您的摆盘更美观，而且可以让酱料味道更好地渗入到食材中。

切法图解、说明

❶ **圆形切片法：** 圆形切片法指的是将黄瓜、胡萝卜、莲藕、南瓜等蔬菜按照想要的厚度整个切制的方法。这个方法根据材料和用途的不同，可以调整厚度，主要用于汤、收汤酱菜、蜜渍等烹饪方法。

❷ **半月形切法：** 半月形切法指的是将萝卜、土豆、胡萝卜、南瓜等先按长度剖半后，再按照想要的厚度切成半月形的方法。

❸ **银杏叶形切法：** 银杏叶形切法指的是用刀将土豆、胡萝卜、萝卜等材料按长度以"十"字形四等分后，再按照想要的厚度切成银杏叶形状的方法，主要用于做汤或是熬煮收汤的菜式。

❹ **薄切法：** 薄切法指的是在将材料切成想要的长度后，薄薄地切或是按照想要的厚度薄切的方法，主要用于炒和凉拌的烹饪方法。

❺ **斜切法：** 斜切法指的是用刀在黄瓜、胡萝卜、葱等纤长的材料侧面以适当的厚度斜着、均匀地、薄薄地切制的方法，主要用于炒和炖的烹饪方法。

❻ **骨牌切法：** 骨牌切法是将萝卜、胡萝卜等圆形的材料按照想要的长度切成段后，切去边缘部分，再扁扁地切成长方形的方法。

 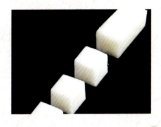 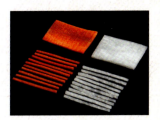

❼ **方片状切法**：方片状切法和骨牌切法一样，是将萝卜、胡萝卜等圆形的材料按照想要的长度切成段后，切去边缘部分，再薄薄地切成长、宽均等的正方形的切法。

❽ **方块切法**：方块切法是将萝卜、土豆等切成长、宽、厚全部2厘米左右，像骰子一样的形状的切法，主要用于做萝卜块泡菜、炖菜、收汤酱菜等料理。

❾ **切丝法**：切丝法指的是用刀将食材切成薄片之后，斜着堆摞起来，一边用手轻轻按住，一边切成长丝的方法，主要用于生拌菜、九折板、萝卜丝等料理。

❿ **切碎法**：切碎法是将切好的丝整齐的堆放在一起后，细细地切碎的方法，主要是在将葱、蒜等材料切成碎末后做调味料时使用，切好后最好大小一致。

⓫ **长条棒切法**：长条棒切法指的是将萝卜、黄瓜等材料按照想要的长度切成段后，再切成适当粗细的条状的切法，主要用于做烤肉串或是酱菜。

⓬ **随意滚切法**：随意滚切法指的是用一只手将黄瓜、胡萝卜等比较纤长的材料旋转，另一只手持刀跟切成有棱角形状的方法，主要是将蔬菜收汤时使用。

⓭ **削切法**：削切法指的是将牛蒡等材料像削铅笔一样一边旋转、一边切成薄片的方法，主要使用刀刃的末端。

⓮ **剜削切法**：将食材切块后的棱角薄薄地剜削去，将其做成圆形的一种方法。为了使长时间煮制或烹饪的材料不变形、做成菜后更美观而使用这种切法。

⓯ **旋转削法**：旋转削法指的是将黄瓜等材料切成5厘米长的段后，像削去外皮一样，一边旋转、一边削成薄片的方法。

韩式调味酱料

调味酱料可以用于增强食物的香味或去除异味,并可以提升食品的风味,延长食品的储藏时间。韩国的调味酱料品种繁多,韩国的饮食根据调味酱料的选择与使用量的不同,大大地影响到了食物的味道。

1 调味酱

取20毫升酱油、10克白糖、10毫升料酒、5克葱末、5克蒜末、5毫升芝麻油、5克芝麻盐、少量黑胡椒粉,拌匀。还可以根据自己的口味加入适量松仁和料酒。

2 甜酱

将200毫升酱油、230克玉米糖浆、50克白糖、50毫升水、5毫升姜汁、50毫升料酒、5克黑胡椒粉、少量味精,放入锅中,小火煮至浓稠。

3 醋酱

将20毫升酱油、5克白糖、3克芝麻盐、10毫升醋、少量葱末和蒜末拌匀即可。

4 芥末酱

将半杯沸水慢慢注入7勺芥末粉中,慢慢搅拌,直至在碗中形成平滑的芥末糊状,放入微波炉中加热30秒,取出后在透明的芥末糊中加入5毫升酱油、10克白糖、50毫升醋、5克盐,拌匀。

5 香辣酱

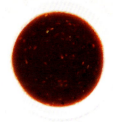

将10克辣椒酱、10毫升酱油、5克蒜末、10克葱末、5克白糖、5克芝麻盐、10毫升芝麻油放入锅中,小火煮至浓稠。

6 烤肉汁

将20毫升高汤、100毫升生抽、20毫升清酒以及40克白糖放入小锅中充分煮沸,之后熄火冷却。待酱汁冷却后,淋入柠檬汁即可。

7 煎饼蘸酱

将100克韩式辣椒酱盛入小碗中,加入50毫升香醋充分搅拌均匀。再加入10毫升柠檬汁、10克砂糖、10克蒜蓉、10克香葱末、10毫升芝麻油以及10克熟芝麻搅匀即可。

8 韩式大豆酱

大豆酱的做法较复杂,大家可在超市直接购买。选择正宗的韩国品牌或是韩式口味的,其口味各地稍有差异。

9 芝麻油椒盐

将20毫升芝麻油、3克椒盐、3克黑芝麻粉搅拌均匀即可。

韩式料理的特点和制作诀窍

韩国料理也是有执着的精神、精细制作的料理。在食用韩国料理时,不仅有药食同源的美味,还有传统礼节的讲究。

韩国料理的特点

❶ **习惯主食与副食分开:** 以米饭、粥、面条、饺子汤、面疙瘩汤、饺子等为主食,根据主食搭配不同的副食作为菜肴,成为均配的一顿饭。

❷ **饮食的种类及做法多样:** 有饭、汤、烧烤、山菜、煎饼、酱菜等多种食品,也有切、煮、氽、焯、烫、蒸等多样烹饪方法。

❸ **色、香、味俱全：** 烹调时，适当地使用调味酱料，做出固有的韩国食物的味道，将坚果类、蛋皮、蘑菇等做成菜码，作为美丽的装饰。

❹ **饮食具有阴阳五行与药食同源的基本精神：** 根据阴阳五行思想，做菜时使用五色材料或菜码，包含着饮食就是药的思想。

❺ **饮食的上桌方式基本上以一桌为主：** 将准备好的菜都摆在同一个桌子上再吃，根据摆放饭桌的三、五、七、九、十二碗方法，制定了摆桌方式，基本上以一桌为主。

❻ **发达的乡土饮食，时节饮食，贮藏、发酵饮食文化：** 各地区的特产多种多样，以这些特产为原料的乡土饮食配合适合四季的菜品来食用，同时也催生使用应时食材料制成的大酱、酱类、泡菜等贮藏发酵饮食。

❼ **成熟的饮食文化及饮食礼节：** 受到儒家文化的影响，像周岁、婚礼、丧礼、祭礼等按照主流趋势形成的宴会或祭礼食物，其制作工艺十分完善。

韩式料理的制作诀窍

❶ **调味酱的使用：** 韩国辣椒酱因为韩国的各种菜式而声名远播。但是在很多韩式菜肴中，除了作为一味调料直接使用之外，很多时候会对其进行加工后再使用。例如石锅拌饭里的辣椒酱会加入一些食材或调料再炒制后加入到拌饭里。味道丰厚的酱料成了韩式料理的点睛之笔。

❷ **食材的计量：** 韩国菜肴同样重视色、香、味俱全。如何能做出色、香、味俱全的料理，其中很重要的一点便是材料用量的把握。所以烹制韩式料理的过程会使用到一些计量工具，如称固体食材用的秤，称液体类食材用的量杯，称调味料类时用到的计量匙，还有测油温、糖浆等温度时用到的温度计。

豆芽沙拉

原料 黄豆芽230克,蒜末10克,红辣椒10克,黑芝麻3克

调料 生抽5毫升,盐3克,芝麻油适量

制作步骤 practice

1. 洗净的红辣椒对半切开，去子，切丝，待用。

2. 热锅注水煮沸，放入盐。

3. 放入黄豆芽，焯水2分钟。

4. 将焯好的黄豆芽捞起，沥干水分，待用。

5. 在装有黄豆芽的碗中，放入红辣椒丝。

6. 调放少许盐。

7. 再放入适量蒜末。

8. 淋入生抽、芝麻油拌匀。

9. 将拌好的食材倒入备好的碗中，撒上黑芝麻即可。

TIPS 豆芽焯水时，要把握好时间，既保证熟透又不失其鲜嫩。

拌菠菜

原料 菠菜300克，白芝麻适量

调料 白糖、酱油各适量

制作步骤 practice

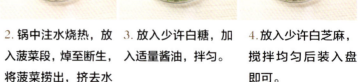

1. 菠菜洗净，去根，中间切两段。

2. 锅中注水烧热，放入菠菜段，焯至断生，将菠菜捞出，挤去水分后放入碗中。

3. 放入少许白糖，加入适量酱油，拌匀。

4. 放入少许白芝麻，搅拌均匀后装入盘即可。

拌蘑菇

原料 平菇100克，香菇10克，口蘑100克，木耳5克，金针菇50克

调料 酱油10毫升，盐3克，白糖4克，食用油10毫升，白芝麻2克，芝麻油2毫升

制作步骤 practice

1. 香菇、木耳泡软，撕成条；口蘑洗净，切片；金针菇切段。

2. 锅里倒水煮沸，放入盐、平菇焯1分钟，撕成丝；酱油、盐、白糖混合成调味酱

3. 在每种菌菇里分别放入调味酱料，然后搅拌均匀。

4. 热锅放油，放入所有的菌菇，大火炒2分钟，加白芝麻和芝麻油炒1分钟即可。

煎西葫芦

原料 西葫芦30克,青辣椒5克,红辣椒5克,面粉28克,鸡蛋120克

调料 盐少许,食用油适量,酱油18毫升,醋15毫升,水15毫升

制作步骤 practice

1. 西葫芦清洗干净,切厚片,撒盐腌渍10分钟左右;鸡蛋磕开、放盐后充分打散。

2. 青、红椒切丝;酱油、醋、水混合,做成醋酱油;西葫芦沾上面粉,浸泡在蛋液里。

3. 加热的平锅里抹上食用油,转中火放入西葫芦,正面煎2分钟左右。

4. 正面煎熟后,再翻面,摆放青、红椒煎1分钟左右,配上醋酱油上桌即可。

拌萝卜丝

原料 腌萝卜片100克,韭菜30克,黑芝麻少许

调料 盐、白醋各少许,白糖适量

制作步骤 practice

1. 将腌萝卜片切丝,放入备好的碗中,加入盐、白醋、白糖,腌渍20分钟。

2. 萝卜丝腌出酸甜的味道后,沥干水分,放入碗中待用。

3. 将洗净的韭菜切成均等的段。

4. 韭菜段放入盛有萝卜丝的碗中,撒入黑芝麻拌匀,装入备好的碗中即可。

拌炒杂菇

原料 平菇100克，香菇10克，木耳5克，金针菇50克，白芝麻3克

调料 盐2克，生抽3毫升，白糖5克，食用油、芝麻油各适量

制作步骤 practice

1. 木耳、香菇分别用清水浸泡1小时，洗净，沥干，再分别切成小块。

2. 平菇浸泡1小时，洗净，去根，撕成小块；洗净的金针菇用手撕开，放入碗中。

3. 生抽、盐、白糖混合制成酱汁；木耳块、香菇块、平菇块焯水后放入酱汁拌匀。

4. 热锅注油烧热，放入拌好的食材、金针菇、芝麻油，炒匀，盛至盘中，撒白芝麻即可。

酱黄瓜

原料 嫩黄瓜1条,蒜末10克,红辣椒丝少许,白芝麻适量

调料 盐5克,生抽9毫升,白糖9克,芝麻油6毫升

制作步骤 practice

1. 洗净的黄瓜切成条,放盐,搅拌均匀,腌渍5分钟。
2. 热锅注水,加入生抽、白糖,煮至沸腾,将煮好的酱汁倒入备好的碗中。
3. 将腌渍好的黄瓜用清水清洗,沥干水分,装入碗中,倒入刚煮好的酱汁,搅拌入味。
4. 倒出酱汁,放入蒜末、红辣椒丝、白芝麻、芝麻油,搅拌均匀,倒入盘中即可。

黄瓜沙拉

Chapter 2 韩式料理

原料 黄瓜1条,白萝卜100克,柠檬半个,白芝麻少许,红辣椒丝少许

调料 盐3克,白糖5克,苹果醋、生抽各适量

制作步骤 practice

1. 黄瓜洗净,切长段,加盐腌渍;白萝卜去皮洗净、切块,再切成5厘米长的段。

2. 将柠檬对半切开,切成1/4大的片。

3. 备好的碗中,放入生抽、苹果醋、白糖,搅拌均匀,制成酸酱。

4. 备好的碗中,放入黄瓜段和白萝卜段,倒入酸酱,将其拌匀,腌渍片刻。

5. 放入柠檬片,搅拌均匀。

6. 放入红辣椒丝。

7. 撒上白芝麻,搅拌均匀即可。

8. 将拌好的菜盛入盘中即可。

TIPS 若喜欢偏甜的口味,可选择表面光滑少刺、皮薄肉厚的黄瓜。

肉类

拌明太鱼丝

原料 干明太鱼150克,水芹20克,葱白50克,蒜泥5克,白芝麻适量

调料 辣椒酱10克,辣椒面10克,生抽3毫升,白糖8克,白醋5毫升

Chapter 2 韩式料理

制作步骤 practice

1. 将干明太鱼切成丝。

2. 将明太鱼丝放入清水中浸泡。

3. 葱白洗净，斜切成圈；水芹去掉叶子，洗净切成5厘米长的段。

4. 将白醋倒入碗中，加入白糖，搅拌至白糖化开。

5. 将泡软的明太鱼丝取出，挤去其中的水分，装入碗中，倒入白醋糖汁，拌匀。

6. 另取一碗，将蒜泥放入碗中，加入辣椒酱，再放入辣椒面。

7. 加入适量生抽，拌匀。

8. 将拌好的蒜泥辣椒酱倒入明太鱼丝碗中，将其拌匀后加入葱白。

9. 放入水芹段，撒白芝麻，拌匀后装入盘中即可。

TIPS 鱼干可以撕碎一些，这样会更方便食用。

炸牛肉

原料 牛肉 400 克，鸡蛋 1 个，米粉丝 40 克，

调料 泡菜 20 克，盐 4 克，黑胡椒粉少许，生抽 5 毫升，玉米淀粉适量

制作步骤 practice

1. 将洗净的牛肉切成小块后装碗，加入少许盐。

2. 再加入适量黑胡椒粉、生抽搅拌均匀。

3. 打入鸡蛋，拌匀，腌渍 10 分钟。

4. 热油锅中，放入米粉丝炸开，捞起，放入备好的碗中待用。

5. 玉米淀粉放入备好的盘中。

6. 将牛肉逐块裹上玉米淀粉。

7. 热油锅中，将牛肉块放入油锅中炸制，待炸至金黄色，捞起。

8. 在备好的盘中，铺入炸好的米粉丝，放入泡菜、炸好的牛肉块即可。

TIPS 炸好的牛肉块，捞起放几分钟晾凉，再放入油锅中复炸一次口感更佳。

烤猪肉片

Chapter 2 韩式料理

原料 猪里脊肉 400 克,生菜 50 克,葱末 10 克,蒜末 8 克

调料 姜汁 8 毫升,清酒 20 毫升,生抽 5 毫升,辣椒酱 15 克,辣椒粉 10 克,白糖 15 克,胡椒粉 1 克,芝麻油 20 毫升,食用油 10 毫升,烤肉酱少许

制作步骤 practice

1. 猪肉切成大片,加姜汁、清酒、蒜末、葱末、芝麻油、白糖、胡椒粉、辣椒粉、辣椒酱拌匀腌渍。

2. 备好的烤架加热,用刷子抹上食用油。

3. 将腌渍好的烤肉放在烤架上。

4. 在烤肉上用刷子刷上食用油。

5. 再刷上适量生抽。

6. 最后再刷上少许烤肉酱。

7. 用中火烤 3 分钟翻面,续烤 3 分钟左右至肉片熟。

8. 盘中摆好生菜,将烤好的肉片放上即可。

TIPS 猪肉片要切大一些,以调料腌制入味后再烤制,口感会更好。

酱爆鸡块

原料 子鸡450克（半只鸡），胡萝卜半个，大葱段15克，蒜末10克

调料 生抽10毫升，盐3克，白糖3克，食用油、姜汁各适量

制作步骤 practice

1. 洗净、去皮的胡萝卜切滚刀块；处理干净的子鸡斩块。
2. 热锅注油烧热，放入胡萝卜块，稍炒后盛入碗中。
3. 将鸡块放入锅里，煎成金黄色，放入大葱段炒香，再放入胡萝卜块、生抽翻炒。
4. 注入清水煮沸，加姜汁大火焖煮10分钟，待水快煮干时，加盐、白糖、蒜末调味即

酱炖鸡

原料 鸡翅500克,白芝麻5克,姜末10克,蒜末20克,红辣椒段20克

调料 生抽3毫升,黑胡椒粉3克,白酒3毫升,白糖3克,蜂蜜、芝麻油、食用油各适量

制作步骤 practice

1. 洗净的鸡翅切一字花刀,加芝麻油、姜末、蒜末、黑胡椒粉、生抽,拌匀腌渍10分钟

2. 热锅注油烧热,放入腌渍好的鸡翅,炸10分钟至表皮金黄,捞起,待用。

3. 热锅放入剩余的蒜末、姜末、生抽、白糖、蜂蜜、白酒、红辣椒段、芝麻油,加清水煮开。

4. 放入鸡翅煮5分钟直到鸡肉表面出现光泽,将鸡翅夹至盘中,撒白芝麻即可。

炸鸡翅

原料 鸡翅300克，柠檬片少许，鸡蛋1个，姜汁3毫升

调料 玉米淀粉50克，盐4克，黑胡椒粉少许，食用油适量

制作步骤 practice

1. 在处理干净的鸡翅表面划几刀，放入碗中待用。

2. 再放入姜汁、盐、黑胡椒粉，拌匀，腌渍入味。

3. 将鸡蛋打在鸡翅上，搅拌均匀，再将鸡翅放在玉米淀粉中裹匀。

4. 将裹好粉的鸡翅放入热油锅中，炸5分钟至金黄色，装在摆好柠檬片的盘中即可。

香煎鱼排

原料 龙利鱼鱼排 500 克，鸡蛋 2 个，面粉 30 克，青椒碎、红辣椒碎各适量

调料 盐 3 克，黑胡椒粉 3 克，生抽 3 毫升，食用油适量

制作步骤 practice

1. 洗净的鱼排切成片，放入盐水中浸泡 5 分钟后沥水，加黑胡椒粉拌匀，备用。

2. 另备一个碗，打入鸡蛋，放入盐、青椒碎、红辣椒碎，搅拌成蛋液。

3. 将面粉倒入备好的盘子中，将鱼片沾面粉，再放到蛋液中。

4. 锅加热，注入食用油，放入鱼片，中火煎 3 分钟至表皮金黄，盛出，食时蘸生抽即可。

辣烤鱿鱼

原料 鱿鱼2条,蒜末3克,青椒段10克

调料 生抽5毫升,辣椒酱20克,胡椒盐3克,白糖5克,芝麻油、食用油各少许

制作步骤 practice

1. 将洗净的鱿鱼划一字花刀，再对半切开，切成块。

2. 锅中注水，放入鱿鱼块焯水3分钟，捞起，沥干水分，待用。

3. 在备好的碗中，放入生抽，加入少许蒜末。

4. 再放入白糖、胡椒盐拌匀。

5. 淋入少许芝麻油，再加入辣椒酱，搅拌均匀，制成酱汁。

6. 将酱汁倒入装有鱿鱼块的碗中，搅拌均匀。

7. 将备好的烤架加热，用刷子刷上食用油，待用。

8. 将拌好酱汁的鱿鱼放到烤盘上，烤5分钟。

9. 将其翻面，续烤5分钟，将其放入有青椒段的盘中即可。

TIPS 烤鱿鱼的时间不宜太久，否则口感太韧，不易嚼烂。

辣炒八爪鱼

原料 八爪鱼450克，洋葱100克，面粉14克，青辣椒、红辣椒各20克，葱末、姜末、蒜末各4克

调料 盐3克，生抽5毫升，辣椒粉14克，辣椒酱19克，白糖4克，白胡椒粉1克，芝麻油、食用油各适量

制作步骤 practice

1. 红辣椒、青辣椒，斜切成圈，去子；洋葱切丝；八爪鱼对半切开，处理干净。

2. 将处理干净的八爪鱼撒入盐，再放入面粉揉搓去腥，再用清水冲洗干净。

3. 葱末、姜末、蒜末、辣椒酱、生抽、白糖、芝麻油、白胡椒粉、辣椒粉拌匀成调味酱料。

4. 锅注油烧热，加洋葱丝、八爪鱼炒香，加调味酱料，放青、红辣椒圈和芝麻油炒熟即可。

辣炒小银鱼

原料 银鱼150克，青辣椒30克，红辣椒20克，蒜末8克，葱花6克，白芝麻适量

调料 生抽8毫升，白糖5克，白胡椒粉1克，盐3克，辣椒粉、食用油各适量

制作步骤 practice

1. 洗净的红辣椒、青尖椒对半切开，去子，切丝，待用。

2. 锅注油烧热，放入青、红辣椒丝炒软，加葱花、一半的蒜末炒香，加盐、白糖炒

3. 热锅放入银鱼炒2分钟，倒入剩余的蒜末和白糖，加辣椒粉、白胡椒粉、生抽炒匀。

4. 放入炒好的青尖椒、红辣椒，爆炒出香味，盛盘，撒上白芝麻即可。

炸海虾

原料 海虾8只,鸡蛋1个,面粉50克,黑芝麻15克,白芝麻20克,柠檬片少许,姜汁5毫升

调料 盐3克,黑胡椒粉少许,生抽5毫升,料酒5毫升

制作步骤 practice

1. 将洗净的海虾去头、去虾线、去壳,加盐、黑胡椒粉、姜汁、生抽、料酒,搅拌均匀。

2. 另备一个碗,打入鸡蛋,搅拌成蛋液,放入面粉,拌匀成面糊。

3. 取一只海虾先将其外面裹上面糊,一面粘上白芝麻。

4. 再将海虾的另一面也粘上白芝麻,依次将一部分海虾裹匀面糊,粘上白芝麻。

5. 将另一部分海虾均匀地裹上面糊,粘上黑芝麻,待用。

6. 热锅注油烧热,放入裹好面糊的海虾。

7. 炸3分钟至表面金黄,捞起。

8. 沥干油分,装在盘中,放上柠檬片即可。

TIPS 可以用牙签插入虾背,挑去虾线。

豆芽泡菜

原料 豆芽 600 克，泡菜 200 克，蒜末 10 克，姜末、葱段各少许

调料 辣椒粉 20 克，虾酱 20 克，盐、辣椒酱各少许

制作步骤 practice

1. 豆芽洗净,切去头尾。

2. 泡菜切丝。

3. 蒜末、姜末装入碗中,拌匀,加入辣椒粉。

4. 再加入虾酱,拌匀。

5. 再加入少许辣椒酱,搅拌匀。

6. 锅中注水,烧热,放入豆芽。

7. 锅中加入适量盐,拌匀。

8. 将焯好的豆芽捞出,沥干水分,放入碗中,加入泡菜丝。

9. 放入切好的葱段,放入调好的姜蒜酱,拌匀后,装入容器中即可。

TIPS 可以将拌好酱料的豆芽装入玻璃罐中,密封好后放入冰箱冷藏 8 小时后食用。

辣白菜

原料 白菜1千克,萝卜200克,水芹菜20克,芥菜40克,牡蛎40克,葱40克,蒜泥16克,姜泥7克,腌小鱼酱20克,虾仁酱20克、粗盐适量

调料 辣椒粉26克,白糖3克,盐2克

制作步骤 practice

1. 白菜用手掰断;放粗盐腌渍,将白菜正、反面各腌3小时;牡蛎用淡盐水清洗。

2. 萝卜切丝;水芹菜去叶;葱、芥菜切段;所有调料混合拌匀成调味汁。

3. 萝卜丝加调味汁拌匀,放入水芹菜、芥菜和牡蛎拌匀后均匀抹在白菜帮之间。

4. 在泡菜坛子里整齐地放入白菜,并将白菜压实保管即可。

白菜泡菜

原料 白菜1千克,粗盐125克,萝卜100克,芥菜12克,芹菜12克,小葱15克,梨125克,栗子50克,红枣6克,香菇5克,木耳2克,松子5克,蒜片7克,姜丝3克,辣椒丝1克

调料 黄花鱼酱25克,黄花鱼酱骨头10克,盐5克

制作步骤 practice

1. 白菜掰开用粗盐腌渍3小时;萝卜、芥菜、芹菜、葱切段;梨、栗子去皮切丝红枣切丝。

2. 香菇、木耳泡软后切丝;松子去皮;黄花鱼酱加水煮沸,过滤放凉做成泡菜汤汁。

3. 准备好的所有材料混放入切成片的黄花鱼骨,用盐调味做成白菜泡菜馅。

4. 白菜叶的中间放入馅后,把白菜帮子旋转卷起,以免酱料流出来,摆放在缸里压实即可。

小黄瓜泡菜

原料 小黄瓜600克,韭菜50克,虾酱150克,葱末28克,蒜泥16克,姜末4克

调料 粗盐30克,辣椒粉14克,盐4克

制作步骤 practice

1. 小黄瓜切段,从中间切十字花刀,放入盐水里腌2小时左右,捞出。

2. 韭菜切碎;剁碎虾酱里的小虾仁,并在汤汁中放入调料。

3. 在韭菜里放入虾酱与调料后搅拌做成泡菜馅。

4. 将泡菜馅塞进小黄瓜中间的十字切口中,将小黄瓜整齐地堆叠着放入缸里即可。

萝卜块泡菜

原料 萝卜1千克,蒜泥12克,姜末4克,小葱5克,水芹50克,虾仁酱30克

调料 辣椒粉20克,盐12克,白糖3克

制作步骤 practice

1. 萝卜切成方块,放入盐、白糖,腌渍1小时左右后,沥去水分,晾10分钟左右。

2. 虾仁酱切碎;小葱、水芹清理洗净,切成3厘米左右长的段。

3. 腌好的萝卜中放入辣椒粉拌匀,再放入虾仁酱、蒜泥、姜末拌匀。

4. 最后放入小葱、水芹轻轻地搅拌后,用盐调味,装在缸里使劲压实即可。

辣炒年糕

原料 长条年糕350克，胡萝卜30克，洋葱30克，青椒1个，白芝麻少许

调料 辣椒酱20克，辣椒粉5克，酱油3毫升，白糖3克

制作步骤 practice

1. 将年糕切成小长段。

2. 洋葱洗净切丝；胡萝卜去皮、洗净，切丝；青椒洗净、去子，切丝。

3. 锅中注水，放入年糕，煮至年糕松软后将其捞出，将捞出的年糕放入冷水中，浸泡片刻。

4. 将辣椒粉和辣椒酱装入碗中，加入少许酱油。

5. 再放入白糖。

6. 锅中注油烧热，放入洋葱丝。

7. 放入胡萝卜丝。

8. 倒入调好的辣椒酱，加入适量清水，炒匀。

9. 放入年糕、青椒丝，将锅中的食材炒匀，盛出后撒白芝麻即可。

TIPS 年糕是糯米制品，很软而且粘刀，切之前放在冰箱中冷冻一下就方便切了。

宫廷年糕

原料 白米糕 300 克，牛肉 100 克，香菇 15 克，南瓜干 20 克，洋葱 50 克，青辣椒 15 克，红辣椒 20 克，绿豆芽 30 克，鸡蛋 60 克，葱末 10 克，蒜泥 8 克

调料 芝麻油 20 毫升，盐 4 克，酱油 30 毫升，白糖 15 克

制作步骤 practice

1. 白米糕切段，加入芝麻油搅拌；牛肉切丝；香菇与南瓜干泡软、切条。

2. 洋葱、辣椒切丝；绿豆芽去头、尾，焯水备用；鸡蛋打匀，煎成蛋皮后切丝。

3. 锅注油加热，洋葱、南瓜干、辣椒、牛肉、香菇用芝麻油 盐 酱油、白糖、葱末、蒜泥炒熟。

4. 另起一锅，放入白米糕、水炒熟，加入炒好的食材混合炒匀，放上蛋皮、绿豆芽即可。

蒸米糕

原料 白米糕300克，牛肉80克，小葱10克，蒜泥8克，胡萝卜、栗子、香菇、松子、红枣、银杏、鸡蛋、芹菜各适量

调料 酱油35毫升，白糖15克，盐4克，胡椒粉1克，芝麻油10毫升，食用油、高汤、面粉各适量

制作步骤 practice

1. 白米糕切段，划刀，加酱油调味；胡萝卜切块；栗子去皮；银杏热炒后去皮；香菇切成四等份。

2. 小葱切段；红枣去皮；油锅倒入鸡蛋液，煎成蛋皮，切菱形片；芹菜切末，加面粉煎成煎饼，切成菱形。

3. 牛肉剁碎，用酱油、白糖、葱末、蒜泥、胡椒粉、芝麻油拌匀；在划好刀痕的米糕里放入调好调料的牛肉。

4. 锅中放白米糕、胡萝卜、栗子、香菇、蛋皮、芹菜皮、红枣、银杏、松子，加高汤、酱油、白糖、盐、芝麻油煮熟

紫菜包饭

原料 熟米饭400克,紫菜4张,菠菜60克,胡萝卜半根,鸡蛋1个,牛肉馅30克,蒜末8克,白芝麻10克

调料 生抽5毫升,盐10克,芝麻油10毫升,黑胡椒粉3克,白糖1克,食用油适量

Chapter 2 韩式料理

制作步骤 practice

1. 胡萝卜切条,加盐腌5分钟;洗净的菠菜去老根,切段焯烫;鸡蛋打成鸡蛋液,摊成蛋皮,切丝。

2. 牛肉馅加生抽、白糖、黑胡椒粉、蒜末、芝麻油,拌匀,入油锅炒熟。

3. 碗中放入米饭,再加入白芝麻、盐拌匀。

4. 再放入芝麻油拌匀。

5. 将一张紫菜放在卷帘上,铺上少许米饭。

6. 在米饭的中间位置放上胡萝卜条、菠菜段。

7. 再将蛋皮放在米饭上。

8. 最后再放入适量牛肉馅。

9. 将紫菜卷慢慢卷起来,卷起竹帘,压成紫菜包饭,切成段即可。

TIPS 制作紫菜包饭时,米饭一定要铺匀,这样做出来的成品才美观。

韩国石锅拌饭

原料 熟米饭1碗,蕨菜段20克,黄豆芽100克,鸡蛋1个,胡萝卜、菠菜各100克,辣白菜50克,葱花少许

调料 辣椒酱10克,白糖、芝麻油、白醋、雪碧各适量

制作步骤 practice

1. 胡萝卜切丝;菠菜切段;黄豆芽、胡萝卜丝、蕨菜段、菠菜段分别焯水备用。

2. 石锅内壁抹匀芝麻油,铺上熟米饭煮2分钟,再铺上焯水后的食材和辣白菜。

3. 在装有辣椒酱的碗中,放入白糖、白醋、雪碧,搅拌均匀成酱汁,淋在食材上。

4. 热锅注油烧热,放入鸡蛋,煎至单面熟后,放在石锅的食材上,撒葱花即可。

五谷饭

原料 糯米150克,红豆60克,高粱60克,小米60克,黑豆60克

调料 盐5克

制作步骤 practice

1. 糯米用清水浸泡30分钟,倒出水分,再次注入清水,浸泡30分钟,倒去水分。

2. 黑豆、红豆分别用清水浸泡3小时,将红豆倒出水分。

3. 锅中注水,放入红豆煮20分钟,捞出;将浸泡好的黑豆放入煮好的红豆水中。

4. 再放入高粱、小米、糯米;放入红豆,注入适量清水,放入盐,焖煮熟即可。

冷 面

原料 冷面（干的）400克，白萝卜170克，黄瓜50克，牛肉200克，梨70克，鸡蛋120克，松子10克，蒜头20克，辣椒丝1克，葱适量

调料 调味酱料（清酱9克、醋60毫升、发酵芥末5克），盐10克，白糖40克，细辣椒粉2克，醋少许

制作步骤 practice

1. 牛肉加入盐、葱、蒜头煮熟切片；煮牛肉的汤放凉，撇去浮油，再用调味酱料调

2. 黄瓜切片，加盐腌渍；白萝卜切片，加盐、白糖、醋、细辣椒粉腌渍。

3. 梨切片，加白糖腌渍；鸡蛋煮熟、切半；冷面煮熟后用冷水冲洗，沥水后装碗。

4. 摆上准备好的牛肉片、黄瓜、白萝卜、鸡蛋、梨片、松子、辣椒丝等，淋上肉汤即可。

豆浆凉面

原料 黄豆200克,面条350克,黄瓜70克,西红柿100克

调料 盐3克

制作步骤 practice

1. 黄豆洗净,浸泡8小时;黄瓜切丝,放在冷水里;西红柿切半,再切成厚度2厘米左右的块。

2. 锅中放入泡软的黄豆,加水大火煮10分钟,煮好后放在筛子里,边搓揉边冲水去皮。

3. 搅拌器里放入煮好的黄豆与水后,细磨,用筛子过滤做成豆浆,用盐调味。

4. 将面条煮熟后捞出,用冷水冲洗,沥去水分,装碗,放上黄瓜、西红柿,倒入豆浆即可。

韩式拌冷面

原料 冷面（干的）300克，牛肉馅50克，黄瓜25克，萝卜50克，梨50克，洋葱15克，熟鸡蛋2个，蒜泥8克，葱末少许

调料 酱油5毫升，胡椒粉少许，芝麻盐1克，芝麻油2毫升，盐3克，白糖18克，醋30毫升，粗辣椒粉14克

制作步骤 practice

1. 牛肉用酱油、白糖、葱末、蒜泥、胡椒粉、芝麻盐、芝麻油调味；黄瓜切块；萝卜切丝。

2. 部分梨切成半月状；将剩余的梨与洋葱切块装碗，放入盐、蒜泥、白糖、醋、辣椒粉细磨。

3. 牛肉炒香；熟鸡蛋去壳切成两等份；沸水锅中放入冷面煮熟后过冷水。

4. 在碗里装好冷面后，将准备好的食材和酱料摆放在面条上，摆放美观即可。

喜面

原料 小南瓜 150 克，鸡蛋 60 克，辣椒丝少许，面条 300 克，牛肉 200 克，大葱、蒜头各 20 克

调料 清酱 18 克，盐 3 克

制作步骤 practice

1. 在锅里放入牛肉、水、大葱、蒜头炖煮 1 小时，捞出牛肉切块，肉汤用纱布过滤。

2. 小南瓜削皮切丝，炒熟；鸡蛋分成蛋清、蛋黄，分别打散煎成蛋皮，切成丝。

3. 锅中加水煮沸腾，放入面条煮熟后将面条用冷水冲洗，再用筛子沥去水分，装碗。

4. 肉汤煮沸，加清酱与盐调味，浇在面条上，撒上牛肉、小南瓜、蛋皮丝、辣椒丝即可。

拉面炒年糕

Chapter 2 韩式料理

原料 去皮熟鸡蛋1个，年糕200克，鱼饼100克，拉面250克，洋葱50克，葱段15克，蒜末10克

调料 黑芝麻5克，盐3克，芝士粉5克，韩式辣酱10克，麦芽糖适量

制作步骤 practice

1. 将洗净的洋葱切小块；备好的鱼饼切片；熟鸡蛋对半切开。

2. 热锅注水煮沸，放入拉面，煮3分钟至熟，捞起，过一下凉水，待用。

3. 热锅注水，放入年糕、鱼饼，加入韩式辣酱、麦芽糖，搅拌均匀。

4. 用大火煮沸，转小火将食材煮至熟软。

5. 放入适量蒜末。

6. 调放少许盐，搅拌入味。

7. 再放入洋葱块、拉面。

8. 炒到汤汁浓稠，将煮好的食材盛至备好的碗中，放入鸡蛋，撒上芝士粉、黑芝麻、葱段即可。

TIPS 宜用小火烹制，这样能使年糕内外受热均匀。

辣白菜煎饼

原料 辣白菜100克,红辣椒20克,鸡蛋1个,面粉适量

调料 白糖3克,泡菜汁适量

Chapter 2 韩式料理

制作步骤 practice

1. 红辣椒洗净，去子、切丝。

2. 将鸡蛋打入盛有面粉的碗中，将鸡蛋面粉搅拌均匀。

3. 倒入适量泡菜汁，拌匀，加入适量清水，将其制成面糊。

4. 将辣白菜放入面糊中。

5. 再放入切好的红辣椒丝，将面糊再次搅拌均匀。

6. 加入适量白糖，搅拌匀。

7. 锅置火上，预热，倒入拌好的面糊。

8. 煎至固形后，翻面，续煎至其熟透。

9. 将饼取出，切成小瓣装入盘中即可。

TIPS 若喜欢食肉，可在面糊中加入切好的五花肉薄片。

绿豆饼

原料 去皮绿豆90克,辣白菜40克,泡软的蕨菜20克,猪肉馅30克,绿豆芽50克,青辣椒、红辣椒、葱末、蒜泥各5克

调料 盐3克,酱油3毫升,醋酱油(酱油18毫升,醋15毫升,水15毫升),食用油各适量

制作步骤 practice

1. 辣白菜切丝;蕨菜切段,加入猪肉馅、盐、酱油调味;青、红辣椒切丝;绿豆与水、盐磨

2. 绿豆芽焯水后用调料搅拌,再与辣白菜、蕨菜、葱末、蒜泥、猪肉馅一起搅拌成馅料。

3. 平锅放入食用油,将磨好的绿豆汁倒入锅中,再放上调味好的馅料。

4. 再倒入磨好的绿豆18克左右,其上面再放上青、红辣椒煎熟取出,配醋酱油食用即可。

韩式汤圆

原料 糯米粉 500 克,熟黄豆粉 20 克,熟绿豆粉 20 克,黑芝麻粉 20 克,红豆 30 克,白扁豆 30 克

调料 盐 3 克,白糖 10 克

制作步骤 practice

1. 红豆泡发,和白扁豆一起蒸熟,放入盐和白糖制成豆沙。

2. 糯米粉加盐,用热水和面做成烫面,包入黑芝麻粉,制成韩式汤圆。

3. 锅中注水烧沸,放入包好的韩式汤圆煮4分钟至熟,捞出,冲水后沥去水分。

4. 煮好的韩式汤圆分成三等份,分别裹上熟黄豆粉、熟绿豆豆沙即可。

汤圆南瓜粥

原料 南瓜700克，红豆25克，芸豆15克，糯米粉100克

调料 白糖20克，盐4克

制作步骤 practice

1. 芸豆和红豆煮熟备用；处理好的南瓜，掏净瓜瓤，蒸15分钟左右取出。

2. 碗中加入部分糯米粉，撒入盐，倒入煮好的红豆水拌匀，搓成长条状，制成汤圆。

3. 用勺子挖出南瓜肉，用搅拌机搅打成糊状，再放入热水锅中煮10分钟。

4. 余下的糯米粉注水调成糯米水，入锅，加芸豆、红豆、小汤圆煮熟加白糖、盐调味即可。

松子粥

原料 粳米180克，松子20克

调料 盐4克

制作步骤 practice

1. 粳米洗净，浸泡2小时，放入搅拌机中，加水搅拌3分钟，倒入过筛网中过滤。

2. 将松子放入搅拌机中，加清水搅拌3分钟，倒入过筛网中过滤。

3. 热锅中倒入粳米水、松子水，大火煮25分钟左右，不停地搅动熬煮，煮到黏稠状。

4. 放入适量盐，将煮好的粥盛碗即可。

海带汤

原料 水发海带 60 克,牛肉 100 克

调料 芝麻油 10 毫升,生抽适量,盐 8 克,蒜末 10 克,胡椒粉 1 克

制作步骤 practice

1. 将处理干净的牛肉切成薄片,装入碗中,撒入胡椒粉,加入蒜末拌匀,腌渍片刻。

2. 将处理干净的水发海带切成小块,放入碗中待用。

3. 热锅注入芝麻油。

4. 放入牛肉,用中火炒2分钟左右至变色。

5. 倒入清水,用大火煮5分钟左右至沸腾。

6. 撇去汤表面的浮沫。

7. 放入海带块,搅拌均匀,沸腾时撇去浮沫。

8. 加入生抽,拌匀。

9. 再调入盐,搅拌均匀,续煮片刻盛出即可。

TIPS 牛肉去腥味,可将洋葱切碎捣烂,然后用洋葱末使劲揉搓牛肉,最后再冲清水即可。

豆芽清汤

原料 黄豆芽 200 克，大蒜 1 瓣，大葱 1/3 根

调料 生抽 5 毫升，盐 3 克，白胡椒粉适量

制作步骤 practice

1. 洗净的大葱对半切开，切成碎，待用。
2. 去皮的大蒜用刀背拍开，剁成蒜末。
3. 热锅注水烧热，放入黄豆芽，煮 2 分钟，放入蒜末、生抽、盐、白胡椒粉，搅拌均匀。
4. 放入大葱碎，搅拌均匀，煮 8 分钟，将煮好的黄豆芽汤盛至备好的碗中即可。

萝卜汤

原料 牛肉300克,白萝卜300克,海带片5克,大葱段15克,蒜末10克

调料 盐、胡椒粉、大酱各适量

制作步骤 practice

1. 热水锅中放入牛肉,大火煮7分钟,撇去浮沫,转中火续煮30分钟,捞起,切成丁。

2. 白萝卜削去外皮,切成片;海带片切成小片;大葱段斜切成小段。

3. 将牛肉丁放入沸水中,放入白萝卜片、海带片、大葱段、蒜末,煮7分钟左右。

4. 撇去浮沫,转小火再煮30分钟,撒入盐、胡椒粉、大酱调味,搅匀,捞出即可。

参鸡汤

原料　子鸡1只,糯米180克,蒜头、红枣、葱、水参、黄芪各少许

调料　盐、胡椒粉各适量

制作步骤 practice

1. 各类食材分别处理干净;黄芪煮水后留黄芪水备用;葱清理洗净,切成条。

2. 将糯米、水参、蒜头、红枣塞入子鸡肚子里,为防止材料外漏,应将两只鸡腿交叉绑好。

3. 锅里放入子鸡与黄芪水,大火煮20分钟后转中火,续煮50分钟左右。

4. 出锅后,配葱条、盐、胡椒粉,上桌即可。

大酱汤

原料 牛肉90克,香菇15克,大酱75克,豆腐250克,青辣椒15克,红辣椒20克,大葱、大蒜各适量

调料 芝麻盐、胡椒粉、芝麻油、粗辣椒粉各少许,淘米水700毫升

制作步骤 practice

 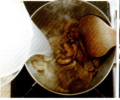  

1. 牛肉切块;香菇泡发切丝;豆腐切块;牛肉、香菇放入芝麻盐、胡椒粉、芝麻油拌匀。

2. 葱、青红辣椒、大蒜切丝;锅里放入牛肉与香菇,炒2分钟后,倒入淘米水。

3. 水里放入大酱大火煮4分钟,转中火续煮10分钟,煮出香味。

4. 放入豆腐、粗辣椒粉煮2分钟左右后,再放入葱与青、红辣椒续煮1分钟左右。

年糕汤

Chapter 2 韩式料理

原料 白米糕300克,牛肉300克,鸡蛋2个,辣椒丝1克,大葱段20克,大蒜10克,蒜末适量

调料 生抽6毫升,盐3克

制作步骤 practice

1. 将牛肉倒入注有热水的汤锅中,大火煮5分钟左右,盖上锅盖续煮30分钟,捞出放凉后,撕成丝。

2. 将鸡蛋打开,蛋黄与蛋清分离,先将蛋清搅匀。

3. 将蛋清制成蛋饼取出,切片;大蒜部分切末。

4. 再将蛋黄制成蛋饼,取出切片。

5. 锅中放入大葱段、蒜头拌匀,续煮30分钟左右,捞出大葱段和大蒜。

6. 再将白米糕放入锅中,煮腾后加入生抽。

7. 再加入盐、蒜末调味,续煮片刻,盛出白米糕装碗。

8. 米糕上放备好的牛肉丝、蛋片、辣椒丝即可。

TIPS 根据个人喜好,也可以加入豆腐、牡蛎、紫菜等调味。

泡菜汤

原料 辣白菜200克，猪肉100克，白洋葱80克，北豆腐150克，南豆腐100克，大蒜、姜块各适量

调料 辣椒粉3克，牛肉粉5克，盐2克，食用油少许

制作步骤 practice

1. 洋葱洗净切丝；豆腐切成四等份；猪肉洗净、切薄片；姜、蒜切末。

2. 锅中注油烧热，放入猪肉片，烧至肉片变色，放入蒜末、姜末炒香。

3. 放入辣白菜炒入味，撒入辣椒粉，炒1分钟左右，加入清水、洋葱丝及豆腐块，拌匀。

4. 大火将汤烧开，转小火，盖上盖，熬15分钟左右，撒入牛肉粉、盐拌匀调味即可。

牡蛎豆腐汤

原料 牡蛎 100 克,豆腐 150 克,红辣椒 10 克,小葱、大蒜、虾酱各适量

调料 盐、芝麻油各适量

制作步骤 practice

1. 牡蛎用盐水洗净后捞出。
2. 豆腐切块;小葱洗净、切段;红辣椒去子,切成丝;大蒜切泥。
3. 锅里倒入水,大火煮沸,用虾酱调味,放入牡蛎、豆腐、蒜泥后续煮3分钟左右。
4. 牡蛎、豆腐煮熟时,放入小葱、红辣椒,用盐、芝麻油调味即可。

牛肉什锦火锅

原料 草菇60克，松茸120克，鲜香菇60克，牛肉150克，芹菜50克，红辣椒20克，大葱段20克，葱末2克，蒜末3克

调料 生抽适量，盐4克，白糖2克，胡椒粉1克，芝麻油2毫升

制作步骤 practice

1. 洗净的松茸切长条；洗净的大葱段切小段。
2. 处理干净的草菇、鲜香菇切块；洗净的芹菜切段；去子的红辣椒切丝。
3. 处理干净的牛肉切成丝。
4. 牛肉丝装碗，加入蒜末、葱末。

5. 放入白胡椒粉。
6. 再加入适量白糖。
7. 淋入生抽、芝麻油拌匀备用。
8. 准备好火锅，放入备好的食材，排列整齐，倒入清水煮10分钟，调入盐续煮10分钟，盛出即可。

TIPS 若是喜欢吃辣，可放入少许韩式辣酱。

肉桂茶

原料 生姜100克，整枝桂皮适量，柿饼1个，核桃25克，松仁5克

调料 黄糖30克，白糖20克

制作步骤 practice

1. 生姜去皮，切成片。热锅注水烧热，放入姜片，大火煮沸，盖上盖子，转中火煮1小时。

2. 洗净的柿饼去蒂，将核桃塞进柿饼里面，切成块；煮好的姜水倒入筛网中过滤，待用。

3. 热锅注水，放入桂皮，大火煮至沸腾，转中火续煮1小时，倒入筛网中，过滤，待用。

4. 热锅倒入姜汁水、桂皮水、黄糖、白糖煮沸，盛至杯子中，放入柿饼、松仁即可。